Bernhard Pötter
33 Fragen – 33 Antworten

KLIMA
WANDEL

PIPER

Zu diesem Buch

Der Klimawandel ist eine der Kernfragen unserer Zeit. Um diese Herausforderung zu meistern, braucht es neue Ideen und entschlossenes Handeln in Politik, Wirtschaft und Wissenschaft. Dabei stellen sich entscheidende Fragen: Warum ist der Klimawandel überhaupt wichtig? Ab wann wird es gefährlich? Wie ist Deutschland betroffen? Was können wir tun? Und ist es vielleicht schon zu spät zum Handeln?
Dieses Buch fasst die 33 zentralen Fragen zusammen und gibt Antworten – ausführlich, aber gleichzeitig fokussiert und präzise. Damit eine informierte Debatte möglich wird, wenn in den nächsten Jahren über wichtige Weichenstellungen in der Klimapolitik entschieden wird.

Bernhard Pötter, Jahrgang 1965, arbeitet als Redakteur für Wirtschaft und Umwelt bei der *tageszeitung (taz)* in Berlin. Er studierte Amerikanistik, Jura und Politik. Seit mehr als 25 Jahren schreibt er über Politik, Wissenschaft und Wirtschaft rund um den Klimawandel, über Umweltpolitik und nachhaltige Entwicklung. Als freier Journalist und Autor arbeitet er außerdem für *DIE ZEIT*, *WOZ*, *Le Monde diplomatique* und *Spiegel Online* und verfasste unter anderem die Bücher *Tatort Klimawandel* und *Stromwechsel*.

Bernhard Pötter

33 Fragen – 33 Antworten
KLIMA
WANDEL

PIPER

Mehr über unsere Autoren und Bücher:
www.piper.de

Von der Reihe 33 Fragen – 33 Antworten liegen im Piper Verlag vor:
Chinas neue Macht
Klimawandel
Künstliche Intelligenz
Nahostkonflikt

MIX
Papier aus verantwor-
tungsvollen Quellen
FSC® C083411

Originalausgabe
ISBN 978-3-492-31619-4
April 2020
© Piper Verlag GmbH, München 2020
Umschlaggestaltung: Büro Jorge Schmidt, München
Satz: Uhl & Massopust, Aalen
Gesetzt aus der Quadraat
Druck und Bindung: CPI Books GmbH, Leck
Printed in the EU

Inhalt

Einleitung

UN-Generalsekretär António Guterres nennt ihn »die größte Herausforderung unserer Geschichte«: Der Klimawandel bewegt inzwischen weltweit die Gemüter, er verursacht Krisen und Konferenzen, er stellt das Wetter auf den Kopf und unsere Lebensweise infrage.

Die Veränderungen in unserer Atmosphäre, auf den Kontinenten und in den Ozeanen waren lange nur eine theoretische Möglichkeit und Stoff für wissenschaftliche Debatten. Heute ist die Erwärmung mit teilweise drastischen Auswirkungen bei uns angekommen. Aber »Klimawandel« beschreibt mehr als eine chemisch-physikalische Reaktion. Wer eine Katastrophe verhindern will, muss tief in die Grundlagen unserer modernen Gesellschaften eingreifen, deren Erfolgsrezept für Wohlstand und Gerechtigkeit bisher zu großen Teilen auf der Verbrennung von Kohle, Öl und Gas beruht. Wer dieses System ändern will, provoziert Fragen.

33 davon sind hier mit ihren Antworten zusammengefasst. Sie sollen helfen, dieses komplexe Thema zu verstehen und eigene Entscheidungen treffen zu können. Sie sollen auch helfen, Mythen zu überpüfen, Ängste zu beseitigen und falschen Informationen zu widersprechen. Um dem Klimawandel zu begegnen, braucht es eine Menge Entscheidungen auf der ökonomischen, sozialen und politischen Ebene. Wer diese Entscheidungen fällt oder sie kritisiert, braucht das Wissen um die Hintergründe und die Konsequenzen unseres Handelns – und unseres Nichthandelns.

Bei der Arbeit an diesem Buch haben mir viele Menschen geholfen: Martin Janik vom Piper Verlag mit seinem Vertrauen, Steffen Geier mit rigorosem Lektorat und Fact-Checking. Christiane Textor von der deutschen IPCC-Koordinierungsstelle war von unschätzbarem Wert bei wissenschaftlichen Detailfragen.

Zu dem Thema erscheinen immer schneller umfangreiche neue Studien. Ich habe großen Wert darauf gelegt, Zahlen und Fakten aktuell und korrekt zu zitieren und am Ende weiterführende Literatur zu empfehlen. Mögliche Fehler gehen aber selbstverständlich nur auf meine Rechnung.

Meinen Kolleginnen und Kollegen in der *tageszeitung* bin ich dankbar, dass sie mir seit vielen Jahren für die Berichterstattung zum Klima den Rücken frei halten. Und meine Familie erträgt es schon lange vorbildlich, wenn ich wieder mal mit Verweis auf den Klimaschutz versuche, Urlaubsflüge zu hintertreiben.

1

Warum ist der Klimawandel ein Problem?

»Die Grundlagen der Klimawissenschaft sind eigentlich ganz einfach und waren es schon immer«, schreibt der US-Klimaforscher Michael E. Mann. »Kohlenstoffdioxid in der Atmosphäre fängt die Wärme ein, und wir fügen der Atmosphäre stetig mehr Kohlenstoffdioxid hinzu. Der Rest sind Details.«

Klimawandel und Treibhauseffekt sind natürliche Phänomene. Zum Problem für das Leben auf der Erde werden sie, weil sie nach geologischen Maßstäben sehr schnell ablaufen. Der Treibhauseffekt sorgt dafür, dass ein Teil der Wärmestrahlung, die von der Sonne auf der Erde landet, nicht ins All reflektiert wird, sondern die Erde erwärmt. Ohne den Treibhauseffekt wäre die Erde ein kalter Steinbrocken von minus 18 Grad Celsius. Diesen Effekt durch Spurengase wie Wasserdampf, Kohlenstoffdioxid (auch Kohlendioxid oder CO_2) und Methan hat der schwedische Physiker und Chemiker Svante Arrhenius bereits 1896 beschrieben. Das »Treibhaus« wird immer dichter, die Temperatur steigt.

Der Grund dafür sind in erster Linie Gase, die aus der Verbrennung von Kohle, Öl und Gas und durch das Abholzen der Wälder in die Atmosphäre gelangen. Auch wenn die meisten Aerosole (kleine Partikel in der Luft) dem Treibhauseffekt ein wenig zuwiderarbeiten und die Temperaturen leicht senken – vor allem CO_2 ist nach der einhelligen Ansicht der Wissenschaftler der Hauptverursacher für die zunehmende Erwärmung der Erde und für andere Veränderungen wie die Versauerung der Ozeane. Kohle, Öl und Gas werden als fossile

Brennstoffe bezeichnet, weil sie sich aus Kohlenstoff bilden, der vor Millionen von Jahren als abgestorbene Pflanzen oder Tiere unter der Erde eingelagert wurde. Der Kohlenstoff aus diesen Lebewesen wird nun durch die Verbrennung in Kraftwerken und Motoren in die Atmosphäre entlassen – wo er sich nur langsam abbaut: Bis zu 40 Prozent des CO_2 können etwa 2000 Jahre in der Atmosphäre verbleiben.

Aus fossilen Brennstoffen und Landnutzung entstanden 2018 nach Zahlen des Forschungsverbunds »Global Carbon Project« und der UNO etwa 41,5 Milliarden Tonnen CO_2. Rechnet man alle Treibhausgase zusammen, kommt man auf etwa 54 Milliarden Tonnen. Diese vergleichsweise geringen Mengen an Treibhausgasen verändern die Atmosphäre, während die etwa acht Mal so hohen natürlichen CO_2-Quellen die Bilanz nicht beeinflussen – sie werden von natürlichen Kreisläufen schnell wieder ausgeglichen. Dort sind Aufnahme und Abgabe von Kohlendioxid etwa durch Pflanzen in einem Gleichgewicht, sie gelten als CO_2-neutral. Land und Ozeane »schlucken« etwa die Hälfte des menschengemachten CO_2, der Rest jedoch treibt die Erwärmung an.

Der Begriff »Klimawandel« in der politischen und wissenschaftlichen Debatte ist verkürzt. Er bezeichnet fast immer den menschengemachten (»anthropogenen«) Klimawandel. Das Erdklima ist schon immer Schwankungen unterworfen: Es gab lange Phasen, in denen die CO_2-Konzentration mehr als doppelt so hoch war wie heute, dann Eiszeiten, deren letzte auf der Nordkugel erst vor etwa 12 000 Jahren endete. Damals lagen die Temperaturen um circa 5 Grad Celsius höher, ein Wert, der heute zu den Horrorszenarien der Klimawissenschaften gehört. Aber am Ende der Eiszeit ließ sich das Klima für diesen Prozess mehrere Tausend Jahre Zeit. Heute droht uns eine solche Erwärmung innerhalb eines Jahrhunderts.

Die Wissenschaft ist sich heute sicher, dass der ökologische Fußabdruck des Menschen für den aktuellen Klimawandel verantwortlich ist. Wichtig ist nicht nur die absolute Erwärmung von einer weltweiten Durchschnittstemperatur von heute 15 Grad Celsius, sondern das Tempo: Tiere und Pflanzen etwa können sich an eine so schnelle Veränderung der Lebensbedingungen wie Temperatur, Niederschlag, Blühzeiten von Pflanzen nur sehr schwer anpassen. Während ein Wald bei langsamen Veränderungen »wandern« kann, überfordert ihn eine relativ schnelle Zunahme der Temperatur.

Die Folgen, die bereits zu sehen sind und noch kommen werden, sind gewaltig. Tausende von Forscherinnen und Forschern haben sie über die letzten Jahrzehnte in der größten Untersuchung zusammengetragen, die die Wissenschaft je unternommen hat. Der Zwischenstaatliche Ausschuss zum Klimawandel (Intergovernmental Panel on Climate Change, IPCC, oft auch »Weltklimarat« genannt) hat in inzwischen fünf umfangreichen Berichten und vielen Sonderreports den Stand der Forschung veröffentlicht.

Demnach verändert der menschengemachte Klimawandel tief greifend die physikalische und chemische Beschaffenheit der globalen Atmosphäre, der Ozeane, der Landmassen und der Eisgebiete unseres Planeten. Die Temperaturen sind im Schnitt um 1 Grad Celsius seit dem Beginn der Industrialisierung gestiegen, in der Arktis schon um mehr als 2 Grad. Der CO_2-Anteil in der Luft ist so hoch wie seit mindestens 800.000 Jahren nicht mehr. Die Meere werden wärmer, ihr Pegel ist im 20. Jahrhundert um knapp zwanzig Zentimeter gestiegen, bis 2100 kann insgesamt mehr als ein Meter Anstieg drohen. Die Ozeane werden durch die vermehrte Aufnahme von CO_2 saurer. Das erschwert die Bildung von Kalkskeletten und bedroht Korallenbänke und andere Lebewesen, die ein wichtiger Teil des Nahrungsnetzes sind. Fast alle Eisgebiete der Erde haben zu schmelzen begonnen, die Gletscher auf den Bergen, das Eis der Arktis, die Permafrostböden.

Die Erwärmung des Erdsystems verändert Niederschläge, Wettermuster und Nahrungsketten, Zyklen von Niederschlag und Trockenheit. Zusammenhänge zwischen Tierwanderungen und Pflanzenblüte und die Anpassung von Menschen, Tieren und Pflanzen an Winde, Niederschläge, Wärme oder Eisbildung, die über Jahrtausende eingespielt sind, geraten aus den Fugen. »Die Erwärmung des Klimasystems ist eindeutig«, urteilt der IPCC in seinem aktuellen Report, »und seit den 1950er-Jahren sind viele der beobachteten Veränderungen beispiellos über Jahrzehnte bis Jahrtausende.«

Fazit: Der menschengemachte Klimawandel ist für die Ökosysteme der Erde ein Problem, weil er die seit Jahrtausenden eingespielten Zusammenhänge zwischen Atmosphäre, Meeren und Landmassen so schnell und nachhaltig verändert, dass er die Lebensbedingungen von Pflanzen, Tieren und Menschen aus dem Gleichgewicht bringt.

2

Verändert sich das Klima überall gleich?

Die politisch bedeutsame globale Mitteltemperatur ist eine theoretische Größe. Denn die Wärme auf der Erde schwankt regional sehr unterschiedlich, je nach Breitengrad, Jahreszeit, Höhe, klimatischer und geografischer Bedingungen etc. Der Anstieg ihres Mittelwerts soll nach dem Pariser Klimaabkommen von 2015 »gegenüber dem vorindustriellen Niveau« bis 2100 »deutlich unter 2 Grad Celsius« bleiben, die Staaten wollen »Anstrengungen unternehmen, die Erhöhung auf 1,5 Grad zu begrenzen«. Diese politischen Aussagen sind in einigen Punkten unscharf.

Zunächst gibt es auch wegen fehlender Daten keine allgemeine Definition, was das »vorindustrielle Niveau« der weltweiten Temperatur ist. Die meisten Studien nehmen dafür einen Durchschnitt der Messungen von 1850 bis 1900. Die wichtigsten Datensätze stammen aus der USA und aus Großbritannien, sie messen seit 1880 beziehungsweise 1850 die Temperaturen an Land und an der Oberfläche des Meeres. Die globale Durchschnittstemperatur zwischen 1951 und 1980 beträgt demnach 14 Grad Celsius. Gegenüber dem »vorindustriellem Niveau« hat sich die mittlere Temperatur laut UN-Weltklimarat um etwa 1 Grad Celsius (0,8 bis 1,2 Grad) erhöht.

Aber, wie das Sprichwort sagt: »Man kann auch in einem See ertrinken, der im Durchschnitt einen halben Meter tief ist.« Denn bei der Erwärmung gibt es regional große Unterschiede. Am deutlichsten zeigt sich der Erwärmungseffekt in der Arktis, wo im Schnitt bereits mehr als 2 Grad Erwärmung gemessen werden. Und eine Erhitzung um 3 bis 5 Grad im Winter bis Mitte des Jahrhunderts gilt dort als sicher. Mit gravierenden Folgen, wie die UNO warnt: Das Eis rund um den Nordpol wird bei jetzigen Trends zur Mitte des Jahrhunderts im Sommer verschwinden, die Fläche des tiefgefrorenen Permafrostbodens etwa um die Hälfte abnehmen und zusätzliches im Boden gespeichertes Methan freisetzen – das wiederum den Klimawandel weiter anfeuert.

Auch die Antarktis bereitet den Forschern zunehmend Sorgen. Dort liegt im westlichen Teil an der ehemaligen US-Polarstation Byrd Station einer der sich am schnellsten erwärmenden Punkte der Erde: Zwischen 1958 und 2010 nahm die Durchschnittstemperatur um 2,4 Grad Celsius zu. Die riesigen Gletscher der West-Antarktis haben wegen des wärmeren Meerwassers begonnen, schneller ins Meer zu fließen – zwar immer noch langsam, aber unaufhaltsam. Auch der östliche Teil des eisigen Kontinents, der lange als stabil galt, zeigt nach jüngsten Studien Anzeichen von Instabilität. Immer wieder lösen sich spektakulär riesige Eisberge von den Eisschelfs und treiben ins Meer, 2017 ein Eisstück namens A-68 von der doppelten Größe Luxemburgs. Anders als bei arktischem See-Eis, das bereits im Wasser schwimmt, trägt die Schmelze der Gletscher direkt zur Erhöhung der Meeresspiegel bei.

In den bewohnten Gebieten warnt der IPCC vor verschiedenen Auswirkungen, je nach Lage und Verwundbarkeit: Auf fast allen Kontinenten drohen vor allem wirtschaftliche Schäden durch mehr Überschwemmungen und durch Dürren sowie Gesundheitsgefahren durch Hitzewellen. In Afrika etwa kommt die Bedrohung für ganze Ernten hinzu, in Australien das Absterben der Korallenriffe. Asien fürchtet einen Mangel an Nahrung und Süß- beziehungsweise Trinkwasser, Nordamerika großflächige Waldbrände und die Bedrohung

seiner Küsten. In Mittel- und Südamerika wächst außerdem die Angst vor immer neuen Krankheiten, während die kleinen Inselstaaten in der Südsee ihre Küstenregionen verlieren werden.

Die allgemeine Erwärmung trifft auf Trends, die ihre Effekte noch vergrößern oder abbremsen können. Der Meeresspiegel steigt, aber Unterschiede in Meeresströmungen, Winden und der Geografie der Küsten können vor Ort ganz andere Bedingungen bilden: In weiten Teilen Skandinaviens etwa sinkt der Meeresspiegel, weil sich die Landmassen immer noch seit der letzten Eiszeit heben.

Gibt es auch Orte, an denen es kühler wird? Auf den Messkarten der Meteorologen sind das meist Messfehler – mit einer Ausnahme: ein Gebiet im nördlichen Atlantik widersetzt sich hartnäckig dem allgemeinen Trend zur Erwärmung. In dem Meeresabschnitt südwestlich von Grönland zeigt sich sogar eine leichte Abkühlung. Der Grund dafür ist nach Überzeugung der Forscher aber paradoxerweise die globale Erwärmung: Weil sich die große Meeresströmung im Nordatlantik, der Golfstrom, abschwächt, transportiert er weniger Wärme nach Norden. Immer mehr Schmelzwasser aus Grönland verdünnt das salzige Meereswasser und verlangsamt die Zirkulation des Wassers zusätzlich.

Diese Beispiele zeigen: Klimawandel bedeutet nicht, dass es einfach überall ein bisschen wärmer wird. Es bedeutet, dass sich Regionen ganz unterschiedlich entwickeln, dass sich das Land stärker erwärmt als das Meer, die Arktis stärker als der Rest der Welt. Was in manchen Regionen noch in die normale Schwankungsbreite der allgemeinen Temperatur fällt, kann in anderen Gegenden tief greifende Prozesse auslösen, die das natürliche Gleichgewicht aus dem Tritt bringen. Klar ist allerdings, dass diese Veränderung praktisch alle Ecken und Enden der Erde erreicht hat.

Fazit: Das Klima verändert sich überall auf der Welt anders. Je nach örtlichen Besonderheiten kann die Mitteltemperatur deutlich überschritten werden und können die Folgen schon heute gravierend sein.

Können wir den Klimawandel zurückdrehen oder uns anpassen?

Es ist eine dieser kaum beachteten Aussagen in den Berichten des Weltklimarats IPCC, die ein leichtes Gruseln hervorrufen können: Was würde passieren, wenn heute alle menschlichen CO_2-Emissionen stoppen würden? Antwort: Das Problem würde sich nicht mehr vergrößern, aber auch nicht verschwinden. Es gäbe eine »nahezu konstante Temperatur über viele Jahrhunderte«, schreiben die Forscher.

Das zeigt: Den menschengemachten Klimawandel können wir nicht mehr zurückdrehen. Er ist bei »für unsere Gesellschaft relevanten Zeitskalen« irreversibel in der Erdgeschichte angelegt. Anders als in politischen Entscheidungen, die sich rückgängig machen lassen, anders als klassische Umweltprobleme wie verschmutzte Gewässer oder abgeholzte Wälder hat die Veränderung der Atmosphäre und des Kohlenstoffkreislaufs bereits jetzt Prozesse angestoßen, die von selbst weiterlaufen – und sich teilweise in »positiven Feedbacks« (zu Deutsch: Teufelskreisen) selbst verstärken. Das geschieht zum Beispiel bereits beim Abtauen des Eisschildes von Grönland oder dem Auftauen der Permafrostböden in der Arktis, die große Mengen von Treibhausgasen freisetzen.

Wie gravierend die Veränderungen aber sein werden, hängt von den nächsten Jahren ab. Alle Modelle der Wissenschaftler zeigen, dass die globalen Emissionen zwischen 2020 und 2030 etwa um die Hälfte sinken müssen, damit wir weltweit überhaupt noch eine Chance haben, den Klimawandel auf 2 oder gar 1,5 Grad in 2100 zu begrenzen. Die Kurve wäre deutlich flacher, die Anstrengungen vor uns deutlich geringer, wenn mit der Reduktion der Emissionen vor einem oder zwei Jahrzehnten begonnen worden wäre. Wenn also nach der UN-Umweltkonferenz 1992 in Rio, nach der Konferenz von Kyoto 1997, nach dem Klimagipfel von Kopenhagen 2009 oder dem erfolgreichen Abschluss des Pariser Abkommens 2015 die Emissionen gesunken wären. Das sind sie aber nicht.

Können wir uns dann nicht einfach an steigende Temperaturen anpassen, wie es die Menschheit seit Jahrtausenden tut? Ja und nein – auch hier kommt es darauf an, wie schnell und wie weit sich die Erderhitzung entwickelt. Und vor allem darauf, welche Maßnahmen vor Ort sinnvoll und machbar sind.

Anpassung ist neben der CO_2-Minderung zum beherrschenden Thema der UN-Konferenzen und der globalen Klimapolitik geworden. Dabei geht es einerseits darum, verwundbaren Ländern und Gemeinschaften zu helfen: Wie lassen sich Felder effizienter bewässern, wenn es trockener wird? Wo ist es sinnvoll, Deiche gegen den steigenden Meeresspiegel zu bauen? Wie bereiten sich Städte auf höhere Temperaturen und stärkeren Niederschlag vor? Ein UN-Report schätzt den jährlichen Bedarf zur Finanzierung dafür im Jahr 2030 auf irgendwo zwischen 140 und 300 Milliarden Dollar. Zum Vergleich: Für die Anpassung an den Klimawandel und zur Vermeidung von Emissionen haben die Industriestaaten den armen Ländern ab 2020 Unterstützung in Höhe von jährlich 100 Milliarden Dollar versprochen.

Manche Beobachter argumentieren, die Weltgemeinschaft solle sich auf die Anpassung konzentrieren und den Kampf gegen die CO_2-Emissionen hintanstellen. Doch es wird kaum möglich sein, sich langfristig an die Folgen einer ungebremsten Erderhitzung anzupassen. Solange die Ausschläge im Klima- und Wettersystem noch gering sind, mag das teilweise gelingen – vor allem für Länder, die so reich sind, dass sie wie in Miami Beach ihre Straßen und Häuser einfach höherlegen.

Doch andere Berichte legen nahe, dass etwa in Bangladesch durch eine Erhöhung des Meeresspiegels um einen Meter die Heimat von 20 Millionen Menschen gefährdet wird. Auch der Verlust der Gletscher etwa im Himalaja oder in den Anden als Süßwasserreserve für ganze Regionen ist nicht wirklich zu kompensieren. Und schließlich ist es schon logisch schwer zu argumentieren, es sei besser, die Folgen von Schäden zu bekämpfen, als deren Ursache zu beseitigen. Das wäre, als würde man bei einem Rohrbruch nur das Wasser aufwischen, aber nicht den Hahn abdrehen.

Fazit: Das CO_2 in der Atmosphäre wird noch jahrhundertelang die Temperaturen mindestens so hoch halten wie derzeit. Eine komplette Anpassung an einen schnell fortschreitenden Klimawandel ist kaum möglich.

Bietet der Klimawandel auch Chancen?

Christopher White war begeistert. »Die Qualität ist durch die Bank fantastisch«, sagte er 2018 dem Fernsehsender NBC über den Jahrgangssekt seines Weinguts Denbies bei London. Die englischen Winzer – lange bei Weinfreunden berüchtigt für praktisch ungenießbare Weine – hatten die »Ernte des Jahrhunderts« eingefahren: Sekt in solchen Mengen und Qualitäten, dass sie damit dem französischen Champagner Konkurrenz machen wollen.

Zu verdanken haben die Winzer das vor allem Temperaturen, die im traditionell klammen England über die letzten fünfzig Jahre um 1 Grad Celsius gestiegen sind. Auch in Ländern wie Dänemark, Belgien und Polen werden inzwischen Trauben angebaut. Denn die Erderwärmung dehnt die wärmeren Zonen vom Äquator in Richtung der Pole aus. Höhere Temperaturen lassen die Vegetationsperioden in den gemäßigten Breiten länger werden, es wird früher warm im Frühjahr und bleibt länger warm im Herbst. Hinzu kommt: Mehr Kohlendioxid in der Luft wirkt auf viele Pflanzen wie ein Dünger, sie wachsen schneller und besser. Der Klimawandel bietet also nicht nur Horrorszenarien, sondern auch positive Aspekte. Allerdings ist es mit ihnen wie mit Whites Sekt: Sie sind mit Vorsicht zu genießen.

Sicher ist: Eine leichte und gemächliche allgemeine Erwärmung hat für manche Gegenden und Branchen auch ihre Vorteile. Die landwirtschaftlichen Ernten auf der Nordhalbkugel der Erde können durchaus zulegen. Ackerbau wird möglich in

Gegenden, die nördlicher und in höheren Lagen liegen als die bisherigen. Außerdem fordern wärmere Winter weniger Kältetote und weniger Ausgaben fürs Heizen, sie verursachen weniger Frostschäden.

Auch indirekt hilft der Klimawandel manchen Branchen, hat schon 2008 eine Studie der Deutsche Bank Research prognostiziert: Anbieter von Ökoenergien profitieren von Subventionen und mehr Nachfrage, die Bauindustrie macht gute Geschäfte bei der Wärmedämmung und der Beseitigung von Schäden infolge des Klimawandels, und für Maschinenbau und Elektrotechnik öffnen sich neue Exportmärkte, etwa bei Anlagen zur Wasseraufbereitung. Im Tourismus sollen die deutschen Küsten profitieren, wenn den Urlaubern die Mittelmeerregion zu heiß wird. Auto- und Energieunternehmen könnten zu den Gewinnern gehören, wenn sie sich auf die Veränderungen einstellen, so der Bericht.

In der Logik der Marktwirtschaft führen in der Tat Schäden, die durch öffentliche oder private Ausgaben beseitigt werden und damit Investitionen hervorrufen, zu weiterem Wachstum der Volkswirtschaften: Was als Belastung einerseits gesehen wird, wird anderseits als willkommener ökonomischer Impuls gefeiert – der allerdings Kapital bindet, das auf anderen Feldern möglicherweise besser und nachhaltiger einzusetzen wäre.

Diese Überlegungen sollten allerdings nicht darüber hinwegtäuschen, dass die Gesamtbilanz des Klimawandels auf der ganzen Welt tiefrot sein wird. Je höher die Temperaturen, desto größer die Schäden. In vielen Studien zu Nutzpflanzen habe sich »der Klimawandel häufiger negativ als positiv auf Ernteerträge ausgewirkt«, schreibt der Weltklimarat IPCC in seinem letzten Sachstandsbericht von 2013/2014. »Die wenigen Studien, die positive Erträge zeigen, beziehen sich hauptsächlich auf Regionen in höheren Breiten, doch es ist nicht klar, ob die negativen oder positiven Folgen überwiegen.«

Schließlich bringt der Klimawandel keine gemütliche Erwärmung, sondern droht mit katastrophalen Folgen. Beim jetzigen Trend wird die durchschnittliche Erwärmung mindestens 3 Grad erreichen – was schon deutlich früher Kipppunkte auslösen kann, die den Trend weiter verstärken. Wenn das zu stärkeren Extremwettern wie Dürren, Überschwemmungen und Stürmen führt, werden die möglichen positiven Effekte schnell ins Gegenteil verkehrt. Dazu kommen die Ausbreitung neuer Krankheitserreger, die Versauerung der Ozeane und der prognostizierte Schaden aus Konflikten oder der Verwerfung von internationalen Handelsbeziehungen.

Der britische Ökonom Lord Nicholas Stern hat in seinem berühmten Bericht (*The Stern Review*) bereits 2006 vor den wirtschaftlichen Folgen des Klimawandels gewarnt. Nach seiner Rechnung wäre Nichthandeln in der Klimakrise ökonomisch fünf bis zwanzig Mal teurer als effektiver Klimaschutz. Seitdem ist die Liste der Argumente immer länger geworden, weshalb wir den Klimawandel schon aus rein ökonomischer Sicht bekämpfen sollten.

Die Chancen des Klimawandels sehen viele Ökonomen eher darin, dass er Regierungen, Unternehmen und Privatpersonen zur Veränderung zwingt. Weil ein »Weiter so« in die (Klima-)Katastrophe führt, öffnen sich die Chancen für eine Wirtschaftsweise, die sauberer, gerechter und nachhaltiger ist: Grüne Energien reduzieren nicht nur CO_2, sondern auch die Zahl der Todesfälle durch Staub und andere Schadstoffe aus Kraftwerken. Eine Agrarwirtschaft, die klimagerecht umgebaut wird, kann auch mehr auf Artenvielfalt achten. Gut gedämmte Häuser werden im Sommer weniger stickig und im Winter behaglicher sein und erfordern weniger Ausgaben für die Heizung. Ein Verkehrssystem, das den fossilen Individualverkehr hinter sich lässt, verspricht sauberere Städte, leisere Quartiere, sicherere Straßen und stressfreiere Urlaubsfahrten.

Mit den Einnahmen aus einer CO_2-Steuer ließen sich in allen Ländern soziale Ziele wie die Bekämpfung des Hungers oder der Anschluss ans Stromnetz finanzieren. Und auch volkswirtschaftlich kann Klimaschutz ein gutes Geschäft werden, sind sich inzwischen Tausende von Unternehmen sicher, die sich für ehrgeizigen Klimaschutz starkmachen.

Fazit: Der Klimawandel bietet einzelnen Branchen kurzfristig bessere Bedingungen – langfristig ist er aber eine ernsthafte Gefahr für unsere Wirtschaft und unseren Lebensstandard. Echter Klimaschutz dagegen kann für Beschäftigung und Wohlstand sorgen.

Ab wann wird es gefährlich?

Das grundlegende Abkommen für den globalen Klimaschutz ist die UN-Klimarahmenkonvention (UNFCCC), die 1992 auf der Umweltkonferenz von Rio beschlossen wurde. Darin erkennen die Staaten der Welt zum ersten Mal an, dass der Klimawandel ein Problem darstellt. Sie verpflichten sich dazu, eine »gefährliche menschengemachte Störung des Klimasystems zu verhindern«, die Erwärmung zu verlangsamen und ihre Folgen zu mindern.

Aber was ist eine gefährliche Änderung? Sicherlich ein Zustand, der unsere Umwelt so verändert, dass Menschen ihre Heimat aufgeben müssen, ihre Ernährung und Gesundheitsversorgung unsicher wird oder Konflikte drohen. Als diese Grenze hat sich das »2-Grad-Limit« durchgesetzt. Bereits 1975 erwähnte es der US-Ökonom William Nordhaus, zwanzig Jahre später brachte der deutsche Wissenschaftliche Beirat für globale Umweltveränderungen (WBGU) unter dem Chef des Potsdam-Instituts für Klimafolgenforschung (PIK), Hans Joachim Schellnhuber, diese Grenze erfolgreich in die politische Debatte ein. Sie wurde zum Maßstab der deutschen, europäischen und 2010 auch der UN-Klimapolitik: Die globale Mitteltemperatur der Erde soll nicht mehr als 2 Grad Celsius gegenüber dem vorindustriellen Wert zulegen. Im Pariser Abkommen 2015 haben sich die Staaten darauf geeinigt, die Erwärmung bis 2100 »deutlich unter 2 Grad« zu begrenzen und »Anstrengungen zu unternehmen, 1,5 Grad anzustreben«.

Das 2-Grad-Ziel ist nicht unumstritten. Schon die Formulierung ist unglücklich: 2 Grad mehr im Schnitt sind ja nicht das Ziel, sondern die maximale Obergrenze. Und die wiederum wird selbst bei ernsthaftem Klimaschutz nach den IPCC-Modellrechnungen nur mit einer Wahrscheinlichkeit von 66 Prozent eingehalten. Wer würde sich in ein Flugzeug setzen, dass nur mit 66-prozentiger Wahrscheinlichkeit nicht abstürzt?

Die niedrigere Schwelle von 1,5 Grad hatten in Paris die kleinen Inselstaaten durchgesetzt, die den Anstieg des Meeres besonders fürchten. Um den Unterschied zwischen 2 und 1,5 Grad zu beleuchten, erstellte der IPCC im Herbst 2018 auf Bitten des Pariser Klimagipfels ein eigenes umfangreiches Gutachten. Darin zeigt sich, dass die 0,5-Grad-Differenz in manchen Gebieten einen gewaltigen Unterschied machen könnte: zehn Zentimeter weniger Anstieg beim Meeresspiegel, zehn Millionen Menschen weniger, die ihre Heimat verlieren, die Arktis wird nur einmal in 100 Jahren statt alle zehn Jahre eisfrei, ein Rest der Korallenriffe wäre zu retten. Außerdem wachse die Weltwirtschaft bei 1,5 Grad Erwärmung noch deutlich mehr als bei 2 Grad, und »einige Hundert Millionen Menschen« weniger fallen durch Stürme und Überschwemmungen zurück in die Armut.

Mit steigenden Temperaturen und zunehmenden Extremwettern wirkt der Klimawandel jetzt und in Zukunft wie ein Brandbeschleuniger: Probleme vor allem in armen Ländern, etwa mit der Ernährung, einer ineffizienten Landwirtschaft oder fehlender Gesundheitsversorgung, werden durch klimabedingte Stressfaktoren zusätzlich verschärft. Wie sehr der Klimawandel bereits zu Konflikten innerhalb von Staaten und zwischen Staaten geführt hat, ist umstritten. Klar ist jedoch, dass Militärplaner und Regierungen ihn als wachsendes Risiko einschätzen.

Die Experten warnen vor allem vor sogenannten Kipppunkten (*tipping points*): Entwicklungen, die, einmal angestoßen, nicht mehr zu bremsen wären und das Erdsystem grundlegend verändern. Dazu gehören das Abschmelzen der Eisschilde, das Tauen der Permafrostböden, das Erlahmen des Golfstroms, das Absterben der Wälder in der Tundra und am Amazonas, die nachhaltige Störung des Monsuns oder Veränderungen im »El Niño«-Wetterphänomen im Pazifik. Laut IPCC-Berichten drohen schon bei 1 Grad Erwärmung mehr Extremwetter und Gefahren für einzigartige Ökosysteme. Bei etwa 2 Grad beginnt die Gefahrenzone für »großräumige Singularitäten«, wie die Kipppunkte in der Wissenschaft heißen.

Dabei ist die Debatte um 1,5 oder 2 Grad derzeit ein Luxusproblem. Denn mit den bisherigen Trends an CO_2-Emissionen und den geplanten Maßnahmen im Klimaschutz ist die Welt unterwegs zu einer Erwärmung von etwa 3 bis 4 Grad in 2100. Aus Sicht der Kipppunkte wäre das eine Katastrophe. Daher gilt, wie es der Klimaforscher Hans Joachim Schellnhuber fordert: »Es lohnt sich, um jedes Zehntelgrad zu kämpfen.«

Fazit: Der Klimawandel ist bereits heute gefährlich für Ökosysteme und Menschen, die sich nicht an ihn anpassen können. Ohne eine drastische Reduzierung der Treibhausgas-Emissionen erreicht das Klima in einigen Jahren einen Punkt, an dem katastrophale Veränderungen im Erdsystem nicht mehr rückgängig zu machen sind.

Derzeit entlässt die Menschheit jedes Jahr Treibhausgase wie CO_2, Methan (CH_4) oder Lachgas (N_2O) in die Luft, die insgesamt wie etwa 55 Milliarden Tonnen Kohlendioxid wirken und daher auch CO_2-Äquivalent genannt werden. Der wichtigste Teil, das CO_2, entweicht bei der Verbrennung von Kohle, Öl und Gas aus Schornsteinen, Motoren oder Industrieanlagen, es entsteht bei industriellen Prozessen und bei der Herstellung von Zement, es entweicht, wenn Wälder niedergebrannt werden.

Seit dem Beginn der Messungen ist der Ausstoß des wichtigsten Treibhausgases praktisch immer nur gestiegen. Nur zwischen 2014 und 2016 blieben die globalen Emissionen etwa auf einem Niveau, kletterten dann aber wieder aufwärts.

Die Konzentration von CO_2 in der Atmosphäre wird in Teilen pro Million (ppm) gemessen. Der Wert gibt an, wie viele CO_2-Moleküle sich in einer Million Molekülen der Luft befinden. Während er vor dem Beginn der Industrialisierung bei 280 ppm lag, überschritt er 2014 die symbolische Schwelle von 400 ppm. 2018 lag er bei knapp 408 ppm und steigt derzeit um etwa 2 ppm jährlich.

Kohlendioxid wird durch Pflanzen, in Ozeanen oder im Gestein erst in dreißig bis 2000 Jahren eingelagert und damit der Atmosphäre entzogen. Bis dahin sorgt es also lange für die Erwärmung. Andere Treibhausgase wie Methan sind kurzlebiger, erwärmen die Atmosphäre aber umso aggressiver: Methan mehr als achtzig Mal so stark wie CO_2 über einen Zeitraum von zwanzig Jahren.

Wie schnell die Veränderungen in der Atmosphäre, im Eis oder auf den Landflächen vorangehen, ist die entscheidende Frage für die Klimapolitik: Wie lange noch Zeit dafür ist, das Schlimmste zu verhindern, hängt davon ab, welche Annahmen die Szenarien treffen. Bei jetzigen Trends von Bevölkerungswachstum und Energienachfrage erreicht die Atmosphäre eine Erwärmung von 1,5 Grad, das ehrgeizigste Ziel im Pariser Abkommen, bereits »zwischen 2030 und 2052«, heißt es im jüngsten Bericht des UN-Klimarats IPCC.

Wenn die Emissionstrends so weitergehen wie bisher, erreicht die Erwärmung bis 2100 etwa 3 bis 5 Grad – ein katastrophales Szenario für viele physikalischen und natürlichen Kreisläufe. Werden dagegen alle Versprechen aus dem Pariser Klimaabkommen eingelöst, führt auch das immer noch zu einer Erwärmung von etwa 3 Grad.

Um das Klimaziel von 2 oder gar 1,5 Grad zu erreichen, braucht es eine schnelle Trendumkehr, wie die Hunderte von Modellen und Kalkulationen zeigen, die die Experten für den letzten IPCC-Bericht durchgerechnet haben. Dafür müssten die Emissionen so schnell wie möglich und am besten ab 2020 möglichst drastisch sinken. Das sogenannte Kohlenstoffgesetz, das Wissenschaftler formuliert haben, fordert für die Erreichung der Klimaziele, dass ab sofort in jedem der kommenden Jahrzehnte der globale CO_2-Ausstoß halbiert werden muss. Ab Mitte des Jahrhunderts müsste dann auch noch CO_2 aus der Atmosphäre entfernt werden – entweder mittels riesiger Aufforstungen oder durch das Einfangen und Speichern des CO_2 durch die umstrittene »Carbon Capture and Storage«-Technik (CCS), bei der CO_2 unter der Erde gespeichert wird.

Mindestens so stetig und kräftig, wie die Emissionen bisher gestiegen sind, müssen sie nun möglichst fallen. Bisher hat eine solche Entwicklung nur kurzfristig stattgefunden: in großen wirtschaftlichen Krisen.

Um die Herausforderung deutlicher zu machen, haben Forscher den Budgetansatz entwickelt. Er berechnet, wie groß das noch verbleibende »Budget« an Kohlenstoff ist, das die Menschheit verfeuern darf, wenn sie die Klimaziele halbwegs erreichen will. Das Ergebnis ist mit großen Unsicherheiten behaftet (zum Beispiel: Wie sensibel reagiert das Klima? Welche Rückkopplungen gibt es etwa beim tauenden Permafrost? etc.), aber die Tendenz ist klar: Das Budget beträgt noch etwa 347 Milliarden Tonnen CO_2 für das 1,5-Grad-Ziel (Stand Ende September 2019) und etwa 1100 Milliarden Tonnen für 2 Grad. Das Mercator Institut on Global Commons and Climate Change (MCC) hat das auf seiner Website als tickende Uhr dargestellt: Demnach verbleiben bei jetzigen Emissionen für 1,5 Grad noch etwa acht Jahre – für 2 Grad sind es noch etwa 26 Jahre, bis das »Budget« restlos erschöpft ist und kein Gramm CO_2 mehr in die Luft entlassen werden darf, das nicht gebunden wird.

Was für politische Beobachter ein langer Zeitraum ist – zwei bis sechs Legislaturperioden –, wird von vielen Wissenschaftlern und Experten als extrem kurze Zeitspanne gesehen. Denn wenn das Budget erschöpft ist, dürften keine fossilen Kraftwerke, Verbrennungsmotoren, fossil befeuerten Industrieanlagen wie Hochöfen und Chemieparks und keine Öl-, Gas- und Kohleheizungen mehr laufen. Da die Investitionszyklen für Industrieanlagen mehrere Jahrzehnte betragen, müssten die »Null-Emissions-Varianten« der unterschiedlichen fossilen Maschinen eigentlich jetzt schon auf breiter Front in den Markt gebracht werden. In Einzelfällen, etwa bei der Wind- und Solarenergie, ist das sichtbar, grundsätzlich sind wir von diesem Szenario aber noch weit entfernt.

Ist es überhaupt möglich? Technisch und theoretisch sicher – die politische Umsetzbarkeit ist allerdings fraglich. Das UN-Klimasekretariat schreibt zum 1,5-Grad-Bericht: Diese

Grenze zu halten sei »möglich, braucht aber Veränderungen in allen Aspekten der Gesellschaft, die bislang ohne Beispiel sind. Wir müssen bis zur Mitte des Jahrhunderts weltweite Netto-null-Emissionen erreichen.« Das erfordere, dass wir »in den nächsten zehn bis zwanzig Jahren unsere Energiesysteme, unsere Landwirtschaft, unsere Städte und unsere Industrie umbauen müssen«. Nach einer Studie des New Climate Institute von 2016 hieße das für das 1,5-Grad-Ziel: Ab sofort keine neuen Kohlekraftwerke, ab 2035 keine neuen Verbrennungsmotoren zulassen, die Entwaldung noch 2020 stoppen und nur noch Null-Emissions-Häuser bauen. Die Sanierungsquote von alten Gebäuden müsste sich verdreifachen.

Fazit: Weil in den vergangenen Jahrzehnten die weltweiten CO_2-Emissionen praktisch nur gestiegen sind, wird die Zeit für wirksamen Klimaschutz extrem knapp. Modelle geben uns noch acht bis 26 Jahre bei heutigen Trends, um die gesamte Wirtschaft auf null Emissionen umzustellen.

7

Wie sicher sind die Aussagen der Wissenschaft?

»Wie können die Wissenschaftler das Klima in Jahrzehnten vorhersagen, wenn sie nicht einmal einen ordentlichen Wetterbericht für morgen liefern?« So lautet einer der beliebtesten Zweifel an den Klimawissenschaften. Das klingt einleuchtend, führt aber in die Irre. Denn in der Tat ist es einfacher, Aussagen darüber zu machen, wie sich ein chaotisches System über dreißig Jahre verhält, als es aktuell zu prognostizieren. Als Klima gilt, was Wetter über dreißig Jahre oder mehr ausmacht.

Kaum ein anderes physikalisches Phänomen ist in den letzten Jahrzehnten so intensiv erforscht worden wie das Klima. Inzwischen sind sich über 99 Prozent der ernsthaften Klimawissenschaftlerinnen und Klimawissenschaftler über die Grundzüge einig. Die Wahrscheinlichkeit, dass der Klimawandel nicht auf den Menschen zurückgeht, ist auf eins zu einer Million berechnet worden.

Die theoretischen Grundlagen sind schon lange bekannt und gut verstanden. In den 1970er-Jahren gab es die ersten warnenden Stimmen, Anfang der 1980er-Jahre elektrisierte eine »mögliche globale Erwärmung« Wissenschaft und Politik in den USA. Kurz nach dem UN-Abkommen über die Rettung der Ozonschicht, dem Montrealer Protokoll von 1987, standen die Staaten der UNO kurz davor, auch das Klimathema mit einer weitreichenden internationalen Vereinbarung zu entschärfen. 1988 hatte der US-Klimawissenschaftler James E. Hansen vor dem US-Kongress einen weit beachteten Auftritt, bei dem er vor dem Klimawandel warnte.

Diese Anstrengungen wurden daraufhin von einer massiven Lobbyarbeit der Kohle- und Ölindustrie in den USA und anderen Staaten unterlaufen. Dass das Thema dermaßen an Kraft verlor, lag aber nicht an den Wissenschaften: Ganz im Gegenteil wuchs das Wissen über die Zusammenhänge rund um den Kohlenstoff in der Atmosphäre in schnellen Schritten. Ebenfalls 1988 hatten das Umweltprogramm der UN und die Weltorganisation für Meteorologie (WMO) den UN-Weltklimarat IPCC gegründet. An der Arbeit dieses bislang einzigartigen Expertengremiums nehmen Tausende von Experten teil, wenn sie alle fünf bis sieben Jahre ihre Sachstandsberichte oder spezielle Reports verabschieden. Fachleute vieler Gebiete wie Physik, Chemie, Biologie, Volkswirtschaft oder Politikwissenschaft sichten ebenso wie Vertreter von Unternehmen und Nichtregierungsorganisationen die verfügbare Literatur zu den drei großen Themen: physikalische Grundlagen des Klimawandels, Folgen, Anpassung und Verwundbarkeit sowie Minderung des Klimawandels.

Sie fassen den Stand des Wissens zusammen und bewerten ihn, indem die Texte in mehreren Runden von Wissenschaftlern und Regierungsvertretern gegengelesen und korrigiert werden. Das Verfahren ist inzwischen offen, jede und jeder mit Expertise kann sich registrieren lassen und Kommentare und Anmerkungen verfassen, die dann von den Hauptautoren geprüft und einzeln beantwortet werden. Am Ende dieses aufwendigen und langwierigen Prozesses steht ein mehrere Hundert oder gar Tausend Seiten langes Dokument. Dessen Kurzfassung, die »Zusammenfassung für Entscheidungsträger«, wird in einer nervenaufreibenden Endsitzung mit Delegationen der Regierungen Wort für Wort und Komma für Komma abgestimmt. Dabei können die Regierungen Formulierungen beanstanden, alle Aussagen müssen aber von der Wissenschaft gedeckt bleiben. Am Ende dieses Prozesses steht ein

Dokument, das Wissenschaft und Politik offiziell als Faktenbasis anerkennen.

Und dieses Dokument hielt schon beim 4. Sachstandsbericht in Paris fest, dass die beobachteten Folgen »sehr wahrscheinlich« auf den menschlichen CO_2-Austoß zurückzuführen seien. Spätestens seit diesen Tagen im April 2007 gelten in der Wissenschaft die Grundfragen zum Klimawandel als geklärt: Der Klimawandel ist real, er findet bereits statt. Und menschengemachte Emissionen von Treibhausgasen sind die Hauptursache dafür.

Nur weil die Mehrheit es so sieht, heißt das natürlich noch nicht, dass sie auch recht haben muss. Bei anderen historischen Fragen (etwa zur Theorie der Kontinentaldrift oder dazu, ob die Erde um die Sonne kreist) wurde nach langer Zeit die verfemte Minderheitenansicht zur herrschenden Lehre. Doch beim Klimawandel sind die Belege inzwischen überwältigend, es gibt praktisch keine ernsthafte Gegenthese. Die Gegner konzentrieren sich auf ungeklärte Fragen und bestehende Widersprüche im jetzigen System.

Denn trotz großer Einigkeit in den grundsätzlichen Anliegen sind längst nicht alle Fragen geklärt. So ist etwa bis heute unklar, wie genau der Kohlenstoffkreislauf in den Böden funktioniert, wo und warum wie viel Kohlenstoff dort gespeichert wird. Auch die Wolken geben der Wissenschaft immer noch Rätsel auf. Und immer mal wieder korrigieren sich die Experten, etwa wenn es um die Sensitivität des Klimas geht. Aber so funktioniert Wissenschaft.

Der Fortschritt der Klimawissenschaften wäre ohne die Digitalisierung nicht vorstellbar. Heute laufen weltweit etwa zwanzig umfangreiche und detaillierte Klimamodelle auf Rechnern in riesigen Computerzentren. Diese Modelle gelten inzwischen als sehr verfeinert und verlässlich.

Trotzdem gibt es auch immer wieder Kritik an den Modellen und den IPCC-Berichten, sie seien zu konservativ und bildeten zu wenig ab, wie rasant der Klimawandel verläuft. Beim Meeresspiegel etwa lagen die Werte der Modelle lange deutlich unter der Realität, bis der IPCC seine Projektionen nach oben korrigierte.

Fazit: Die Wissenschaft des Klimawandels steht auf einem soliden Fundament. Es gibt keine ernst zu nehmenden Theorien oder seriöse Experten, die die Grundannahmen in Zweifel ziehen.

8

Wie verändert der Klimawandel Deutschland?

Die Sommer 2018 und 2019 waren so heiß und trocken, dass das Thema Erderhitzung vielen Menschen plötzlich zum ersten Mal unter die Haut ging. Im Oktober 2018 erschien der alarmierende Bericht des Weltklimarats IPCC zum 1,5-Grad-Ziel. Und seit Dezember 2018 demonstrieren regelmäßig die Schülerinnen und Schüler der »Fridays for Future«-Bewegung für schnelle Maßnahmen. Das Klimathema ist in Deutschland angekommen.

Die Spuren der Erderwärmung auch in eigentlich gemäßigten Breiten wie in Deutschland sind nicht mehr von der Hand zu weisen. So hat sich die jährliche Mitteltemperatur hierzulande seit 1880 laut Messungen des Deutschen Wetterdienstes (DWD) um etwa 1,5 Grad erhöht – von 7,6 auf gut 9 Grad Celsius. Zehn der 15 wärmsten Jahre seit 1880 haben sich seit dem Jahr 2000 ereignet. Das bedeutet:

Der Klimawandel ist bereits in unserem Vorgarten angekommen. Der Frühling kommt bei uns im Schnitt nicht nur drei Tage pro Jahrzehnt früher, seit 1961 hat sich die gesamte Vegetationsperiode, in der Pflanzen wachsen, blühen und Früchte tragen, um zwei Wochen verlängert. Das hilft den Pflanzen, kann aber bei manchen Tieren wie den Zugvögeln den eingespielten Rhythmus zwischen Brut und Nahrungsangebot durcheinanderbringen. Auch in ganz Europa weist eine Studie nach, dass Frühling und Sommer mindestens 2,5 Tage früher pro Jahrzehnt beginnen. Für den Herbst gibt es keinen einheitlichen Trend.

Für die Zukunft heißt die Prognose des DWD salopp gesagt: heißer bis wolkig. Mit hoher Wahrscheinlichkeit werden demnach die durchschnittlichen Sommertemperaturen 2050 im Vergleich zu 1990 um 1,5 bis 2,5 Grad höher liegen. Die Winter werden 1,5 bis 3 Grad wärmer. Der Regen wird im Sommer um bis zu 40 Prozent zurückgehen – dafür aber im Winter um 30 Prozent zunehmen. Das heißt: heißere, trockenere Sommer bei wärmeren und feuchteren Wintern.

Regional rechnet man mit deutlichen Unterschieden. Die wärmsten Gegenden sind derzeit im Sommer Berlin/Brandenburg und die Gebiete entlang des Rheins. Die Zahl der heißen Tage und »Sommernächte« wird sich nach einem Bericht des Umweltbundesamts verdoppeln bis verdreifachen, es wird deutlich weniger Frosttage geben. Die Schneebedeckung in den Mittelgebirgen wird bei heutigen Trends bis 2100 praktisch verschwunden und in den Alpen deutlich reduziert sein, die Zahl der Badetage dagegen könnte sich teilweise verdoppeln. An zwanzig bis fünfzig Tagen weniger pro Jahr wird man in Deutschland heizen müssen.

Auch über die Auswirkungen wagen die Experten des DWD deutliche Prognosen: Vor allem die Sommernächte werden wärmer, was nicht nur zu mehr romantischen Abenden, sondern zu höherem Gesundheitsstress führen kann. Der Permafrost in den Alpen schmilzt, es drohen verstärkt Felsstürze. Die deutschen Gletscher verlieren bis 2050 insgesamt 80 Prozent ihrer Masse, der Abfluss der Bäche und Flüsse wird schwerer zu kalkulieren. Hitze und Trockenheit erhöhen das Risiko von Waldbränden.

Der Meeresspiegel an Nord- und Ostsee wird bis 2050 laut diesen Prognosen gegenüber 1990 um zehn Zentimeter ansteigen, Sturmfluten laufen bis zu zwanzig Zentimeter höher auf. Mehr Regen in kürzerer Zeit erhöht das Risiko von Überflutungen, in vielen Städten müssen die Kanalisationsanlagen ausgebaut werden. Die Gefahr von Gewittern, Blitzen und Tornados in Deutschland steigt deutlich an.

Für die deutsche Landwirtschaft bedeutet der Wandel andere Bedingungen. Mehr Kohlendioxid in der Luft, mehr Wärme und längere Vegetationsperioden können manchen Pflanzen an feuchten und kühlen Standorten, etwa im Norden oder in den Mittelgebirgen, helfen. Sorten wie Mais, Zuckerrohr und Hirse könnten nach Informationen des UBA besser gedeihen. In der Summe aber würden Hitzestress für Pflanzen und Tiere, die geringere Verfügbarkeit von Wasser im Nordosten und Süden, verstärkte Starkregen mit hoher Erosion wertvoller Flächen und neue Schädlinge und Krankheiten »limitierende Auswirkungen auf die Landwirtschaft« haben. Zu Deutsch: Die Landwirtschaft verliert unter dem Strich mehr, als sie gewinnt.

Den Menschen in Deutschland werden vor allem Hitzewellen aufs Gemüt drücken. Besonders Kleinkinder, kranke und alte Menschen sind bedroht. Dazu kommen Krankheitserreger wie Malaria, die über Insekten einwandern. Die Zunahme von Borreliose-Erkrankungen im Südosten Deutschlands wird bereits auf die Erwärmung zurückgeführt.

Auch die Infrastruktur leidet unter Hitzestress. Die Deutsche Bahn klagt bereits jetzt in heißen Sommern über verbogene Schienen und mehr Sturmschäden auf den Gleisen, nicht immer halten die Klimaanlagen der Züge die Herausforderungen des Klimas aus. Auf den Straßen und Startbahnen schmilzt an heißen Sommertagen der Asphalt. Das UBA findet eine »hohe Bedeutung« der Erwärmungsfolgen für Menschen in der Stadt, für die Versorgung der Felder mit Grund- und Regenwasser, für Gebäude und Infrastruktur durch Überschwemmung und Unterspülung. In Hitzewellen wird auch die Stromversorgung beeinträchtigt: Steigt die Wassertemperatur zu sehr an, dürfen Kohlekraftwerke kein Kühlwasser aus

Flüssen entnehmen – und die Versorgung durch Kohleanlandung per Binnenschiff leidet, wenn Flüsse Niedrigwasser führen.

Auch die Natur verändert sich mit der Erwärmung. Die Wälder werden durch Trockenheit und Hitze und den daraus folgenden Schädlingsbefall so stark geschädigt, dass die Umweltorganisation BUND im Hitzesommer 2019 bereits vom »Waldsterben 2.0« sprach. Das Risiko von Waldbränden nimmt zu. Trockene Gebiete wie Heiden und Dünen werden kaum Probleme haben, aber für Moore, Feuchtgebiete und die Gewässer bringen Erwärmung und höhere Verdunstung die Gefahr von Austrocknung und höherer Verschmutzung, weil Schadstoffe weniger verdünnt werden.

Fazit: Der Klimawandel macht vor Deutschland nicht halt. Die Durchschnittstemperaturen sind bereits deutlich gestiegen, manche Gegenden werden im Sommer dauerhaft trockener, unter den Hitzewellen leiden auch bei uns Mensch und Natur.

9

Was bedeutet »Dekarbonisierung« und warum ist sie so wichtig?

Es war nur ein Wort in einer langatmigen Erklärung, aber es hatte große Wirkung. Beim Treffen der sieben wichtigsten Industrienationen im Juni 2015 auf Schloss Elmau schaffte es die deutsche Bundeskanzlerin Angela Merkel, den Begriff »Dekarbonisierung der Weltwirtschaft im Laufe dieses Jahrhunderts« im Abschlusspapier unterzubringen. Ein halbes Jahr später tauchte die Idee im Pariser Abkommen zum Klimaschutz wieder auf: der Abschied von der kohlenstoffbasierten Wirtschaftsweise, die seit der industriellen Revolution das Leben der Menschen bestimmt hat. Seitdem ist offiziell festgehalten: Wir müssen aus der Verbrennung von Kohle, Öl und Gas aussteigen, weltweit und möglichst schnell.

Das Pariser Abkommen nennt es umständlich ein »Gleichgewicht von Emissionen aus Quellen und Aufnahme in Senken«, das »in der Mitte der zweiten Hälfte des 21. Jahrhunderts« erreicht werden solle. Das bedeutet: die globale Nulldiät bei den Kohlenwasserstoffen. Der 1,5-Grad-Bericht des UN-Klimarats IPCC hat 2018 bestätigt, dass dieses Aus bis 2050 kommen muss, wenn die Ziele des Pariser Abkommens (unter 2 Grad Erwärmung und mit der Bemühung, 1,5 Grad zu erreichen) in Reichweite bleiben sollen. Und dieses Ziel wiederum bedeutet, dass die klassischen Industriestaaten früher aussteigen müssen, weil sie ihren fairen Anteil am knappen Deponieplatz in der Atmosphäre schon lange aufgebraucht haben. Umso folgerichtiger ist es, dass inzwischen Länder wie Großbritannien, Schweden und Deutschland und insgesamt 25 EU-Staaten erklärt haben, sie wollten bis 2050 bei »netto null« sein.

Was für ein gewaltiges Unternehmen die »Dekarbonisierung« ist, zeigt sich im Detail: Bisher sind ja nicht nur die Stromversorgung, sondern auch Wärme- und Kältesysteme, der Verkehr, die Industrieprozesse und die Landwirtschaft abhängig von fossiler Energie. Dabei ist der Umbau aller dieser System unterschiedlich weit: Bei der Stromversorgung ist Kraft aus Wind, Sonne, Wasser, Biomasse oder Erdwärme inzwischen in vielen Teilen der Welt sicher, sauber und oft wettbewerbsfähig. Bei der Heizung oder der Kühlung (die inzwischen weltweit mehr Energie frisst als die Heizung) von Gebäuden sind erneuerbare Energien allerdings immer noch die Ausnahme. Ebenso im Verkehr, in der Industrie oder der Landwirtschaft.

Wir stehen also immer noch am Anfang, verschiedene Studien machen jedoch Mut: Der Thinktank Climate Action Tracker etwa meint, der Kohlenstoffentzug sei machbar und müsse nicht sofort überall losgehen, sondern könne von einer kleinen Gruppe von Ländern ausgelöst werden, die auf Gebäude, Autos und Energieversorgung mit null Kohlenstoff setzen. Weltweit haben im »Deep Decarbonization Pathways Project« Wissenschaftler aus 16 Industrie- und Schwellenländern die Potenziale ihrer jeweiligen Staaten untersucht, auf grüne Techniken umzustellen. Das Ergebnis des Projekts, das vom französischen Thinktank IDDRI geleitet wurde: In allen Staaten, selbst in denen, die am engsten mit der fossilen Industrie verflochten sind, sind Wege zum fossilen Ausstieg und zum Umstieg auf Ökotechniken möglich. Sie sind national nur völlig unterschiedlich: Während Frankreich weiter auf Atomkraft setzt, hebt etwa Russland sein Potenzial für Biomasse hervor.

Überall arbeiten Planer und Forscher an der Zukunft jenseits des Kohlenstoffs. Weltweit bereitet sich die Autoindustrie, getrieben von strikten Vorgaben auf den wichtigsten Märkten in China, Kalifornien und der EU, auf die Einführung der elektrischen Mobilität vor. Der größte Autobauer der Welt, VW, will bis 2023 insgesamt etwa 30 Milliarden Euro in diese Technik investieren. Auch die Schwerindustrie, bislang abhängig von der Kohle, entwickelt Techniken, um Stahl ohne Kohle herzustellen. Heiz- und Kühlsysteme lassen sich mit erneuerbarem Strom oder mit »grünem«, nämlich ökologisch erzeugtem Wasserstoff betreiben.

Der Umstieg von fossilen auf nachhaltige Energieträger ist schwierig, aber notwendig. Wie schnell er gehen muss, zeigt eine Studie zum Thema »unverbrennbarer Kohlenstoff« (*unburnable carbon*), die bereits 2011 die Runde machte. Darin haben Wissenschaftler nachgerechnet, wie viel von den Brennstoffen im Boden bleiben muss, wenn das CO_2-Budget der Atmosphäre nicht überschritten werden soll: über 80 Prozent der weltweiten Kohlereserven und fast 50 Prozent des Öls. Die Ölstaaten am Golf blieben nach einer anderen Studie auf etwa 40 Prozent ihres Öls sitzen, Russland und Venezuela auf 60 Prozent ihrer Gasvorkommen. Länder wie Saudi-Arabien, Indonesien oder Russland finanzieren derzeit einen großen Teil ihrer Staatsausgaben aus den Exporteinkünften ebendieser Energien. Die Unternehmen sind oft staatlich, ihre Verbindungen in die Politik sehr eng, eine »Dekarbonisierung« begreifen viele dieser Staaten daher als direkten Angriff auf die Lebensfähigkeit ihrer Volkswirtschaften.

Dennoch ist sie möglich und nötig. Das zeigt das Mutterland der industriellen Revolution. In Großbritannien, wo Dampfmaschine und Kohle Ende des 19. Jahrhunderts ihren Siegeszug begannen, sanken die CO_2-Emissionen 2018 wieder auf den Stand von 1860.

Fazit: Ein praktisch vollständiger Abschied von fossilen Brennstoffen ist weltweit für die Klimaziele nötig und machbar.
Doch das bedarf einer Umstellung in praktisch allen Lebensbe-
reichen.

10

Wie sähe ein treibhausgasneutrales Deutschland aus?

←

Im Juni 2019 gab die Bundesregierung in Brüssel ihren Widerstand auf: Auch Deutschland stimmte bei einer Debatte im Europäischen Rat dafür, dass die EU in ihrer »Langfriststrategie bis 2050« als Ziel »net zero« anstrebt: Die sogenannte Treibhausgasneutralität ist damit zwar nicht rechtlich verbindlich – denn nur 25 der 28 EU-Länder stimmten zu, es hätte Einstimmigkeit gebraucht –, aber politisch auf der Tagesordnung.

»Treibhausgasneutralität« ist ein kompliziertes Wort für ein einfaches Konzept: Wer sich dazu verpflichtet, darf nur so viele Treibhausgase in die Atmosphäre entlassen, wie er speichert. Emissionen von CO_2, Methan, Distickstoffmonoxid (Lachgas) und anderen Treibhausgasen aus Industrie, Kraftwerken oder Verkehr müssen dann entweder vermieden oder durch Wälder oder Moore dauerhaft der Luft entzogen werden. Derzeit gibt es weltweit laut der »Net Zero«-Prüfkarte des britischen Thinktanks Energy & Climate Intelligence Unit (ECIU) nur zwei Länder, die bereits »netto null« erreicht haben: Bhutan und Surinam, beides Staaten mit viel Wald und wenig Industrie.

Für ein führendes Industrieland wie Deutschland ist »netto null« dagegen eine große Herausforderung. Lange hieß das offizielle Klimaziel der Bundesrepublik »minus 80 bis 95 Prozent bis 2050«. Das hat sich durch das Pariser Abkommen praktisch auf null beziehungsweise »minus 100 Prozent« reduziert: Die 1,5-Grad-Marke und die Einsicht, dass die Industriestaaten vorangehen müssen, führten zum neuen Ziel, bis 2050 keine Treibhausgase mehr auszustoßen.

Doch wie sieht diese »grüne Nulldiät« aus, wenn gleichzeitig die Wirtschaftskraft und der Lebensstandard annähernd erhalten werden sollen? Mit ein bisschen mehr Umweltschutz wird das nicht gehen, zeigen alle Berechnungen. Es braucht eine grundlegende Umstrukturierung in praktisch allen Bereichen.

Die umfassendste Studie dazu hat das Umweltbundesamt (UBA) 2014 vorgelegt und 2019 ergänzt. Für das Ziel müssten Energie- und Ressourcenverbrauch durch bessere Effizienz und Recycling massiv reduziert werden. Der Strom müsste vollständig aus erneuerbaren Energien kommen, vor allem aus Windenergie an Land und auf See und Fotovoltaik. Die Gebäude müssten so weit saniert und gedämmt sein, dass sie für Heizung und Kühlung kaum noch externe Energie benötigen. Autos und Züge müssten mit Ökostrom fahren, für den Flugverkehr gibt es bisher noch keine überzeugende Lösung. Und für Prozesse in der Industrie und in der Landwirtschaft, bei denen CO_2 nicht vermieden werden kann, müssten die CO_2-Senken, also Kohlenstoffspeicher wie vor allem Wälder, ausgebaut werden. Die Rechnung des UBA kalkuliert allerdings weder Kosten noch politische Durchsetzbarkeit, sondern nur das technische Potenzial. Und da heißt es: »Das Szenario zeigt, dass es möglich ist, Deutschland so umzugestalten, dass es treibhausgasneutral und ressourceneffizient ist.«

Zu einem ähnlichen Ergebnis kam Anfang 2018 der Bundesverband der Deutschen Industrie (BDI), der allerdings noch mit dem alten »Minus 80–95 Prozent«-Ziel rechnete. In dem Gutachten *Klimapfade für Deutschland* schreiben die Unternehmensberatungsfirmen Boston Consulting Group und Prognos, dass Deutschland mit der bisherigen Politik 2050 nur bei minus 61 Prozent lande. Wolle Deutschland die 80-Prozent-Marke erreichen, müssten über die nächsten 35 Jahre 1500 Milliarden Euro zusätzlich investiert werden, etwa in

neue Kraftwerke, Industrieanlagen oder Gebäudedämmungen. Das sei mit bestehenden Technologien zu machen und bringe Mehrkosten von jährlich etwa 15 Milliarden Euro, die aber über eingesparte Energiekosten und die Erschließung neuer Märkte ausgeglichen werden könnten.

Für minus 95 Prozent allerdings würden nach dieser Rechnung 2300 Milliarden Euro an Investitionen benötigt, die zu 30 Milliarden Mehrkosten im Jahr führten. Deshalb seien 95 Prozent Reduktion nur mit 100 Prozent erneuerbaren Energien in Strom, Wärme und Industrie und mit 31 Millionen E-Autos ein »gesellschaftlich und technischer Kraftakt und nur in globalem Konsens vorstellbar«, heißt es.

Ein noch weitaus drastischeres Konzept hat im Frühjahr 2019 das renommierte NewClimate Institute für die Aktionsplattform Campact erstellt. Es fragt, was Deutschland tun müsse, um seinen Anteil am globalen 1,5-Grad-Ziel zu erreichen. Die Antwort: Schon bis 2030 müssten dafür die deutschen Emissionen bei »netto null« liegen – also praktisch ein Ende aller Emissionen innerhalb eines Jahrzehnts. Stelle man in Rechnung, dass Deutschland »negative Emissionen« (also die unterirdische Speicherung von CO_2, CCS) bislang ausschließe und dass Deutschland aufgrund seiner Wirtschaftskraft und seiner historischen Emissionen mehr tun müsse als andere Länder, rücke die »Null« noch weiter nach vorn: Dann müsse das Land bereits 2020 treibhausgasneutral sein – und dazu noch in den nächsten Jahren in großem Umfang negative Emissionen vorantreiben: Entweder durch eigene CCS-Techniken oder durch die Finanzierung von Klimaschutz in anderen Ländern. Beide Optionen sind aber bislang in Deutschland rechtlich gar nicht möglich.

Fazit: Ein Deutschland, das in der Summe keine Treibhausgase ausstößt, ist technisch machbar, wenn Energieerzeugung, Gebäude, Transport und ein großer Teil der Industrie völlig ohne fossile Brennstoffe auskommen und nicht vermeidbare Emissionen, etwa aus der Landwirtschaft, ausgeglichen werden. Dieses Ziel bis 2050 zu erreichen wird allerdings viel Anstrengung, Umdenken und Investitionen benötigen.

11

Was bringt der Kohleausstieg?

Ende Januar 2019 lag der Kompromiss der Bundesregierung zum deutschen Kohleausstieg endlich auf dem Tisch. Nach Monaten schwieriger Verhandlungen und langen Verzögerungen präsentierte die »Kommission für Wachstum, Strukturwandel und Beschäftigung«, besser bekannt als »Kohlekommission«, ihr Ergebnis: Bis 2038 soll in Deutschland das letzte Kohlekraftwerk abgeschaltet werden und der letzte Braunkohletagebau geschlossen werden. Dem Kompromiss stimmten 27 der 28 Kommissionsmitglieder zu, auch die Seite der Umweltschützer. Nur eine Vertreterin der Lausitzer Dörfer, die für die Braunkohle weichen sollen, votierte mit Nein. Den Vorschlag will die Bundesregierung als Gesetz umsetzen.

Kurz zuvor, im Dezember 2018, hatte im westfälischen Ibbenbüren das letzte Steinkohlebergwerk seine letzte Schicht gefahren. Bei einem Treffen in Schloss Bellevue präsentierten Bergleute in Arbeitskluft dem Bundespräsidenten Frank-Walter Steinmeier das letzte Stück Steinkohle, das in Deutschland gefördert wurde.

Der Kohleausstieg läuft in mehreren Phasen ab. 2018 erzeugten die Kohlekraftwerke noch 35 Prozent des deutschen Stroms (ebenfalls 35 Prozent kamen laut Branchenverband BDEW aus Erneuerbaren, 12 Prozent aus Atomkraft, 13 Prozent aus Gas und fünf Prozent aus Öl und Pumpspeichern. 2019 war der Anteil der Erneuerbaren bereits auf etwa 43 Prozent geklettert). Insgesamt gab es Ende 2017 in Deutschland Kohlekraftwerke mit einer Kapazität von etwa 21 Gigawatt bei Braunkohle und 25 Gigawatt bei Steinkohle. Der gesamte Kraftwerkspark in Deutschland hat eine Kapazität von etwa 216 Gigawatt, mehr als die Hälfte davon sind Erneuerbare, die aber nicht rund um die Uhr laufen.

Laut »Kohlekompromiss« sollen in einer ersten Runde bis 2022 Kraftwerke mit einer Gesamtkapazität von 7 Gigawatt stillgelegt werden, etwa je zur Hälfte Stein- und Braunkohle. Bis 2030 folgen 6 Gigawatt Braunkohle und 7 Gigawatt Steinkohle. Die restlichen Kapazitäten sollen bis 2038 vom Netz, die Abschaltung kann aber auf 2035 vorgezogen werden. Der umkämpfte Hambacher Forst am Braunkohletagebau zwischen Aachen und Köln soll stehen bleiben. Für die Stilllegung der Kraftwerke und Tagebaue sollen die Unternehmen ab den 2020er-Jahren entschädigt werden. In die betroffenen Regionen im rheinischen Revier, in Mitteldeutschland, in Niedersachsen und Sachsen-Anhalt und vor allem in der Lausitz sollen für die nächsten zwanzig Jahre öffentliche Investitionen von insgesamt 40 Milliarden Euro die Strukturbrüche mildern und neue Arbeitsplätze und Perspektiven schaffen.

Der Kohleausstieg soll Deutschlands Emissionen so weit senken, dass das Klimaziel der Bundesregierung für 2030 erreicht wird: minus 55 Prozent gegenüber 1990. Genau ist das erst zu sagen, wenn klar ist, welche Kraftwerke wann ihren Betrieb einstellen und ob sie durch Gaskraftwerke, Stromimporte oder durch erneuerbare Energien ersetzt werden. Entscheidend für den Klimaschutz dabei wird sein, ob die CO_2-Zertifikate für den Emissionshandel, die für die deutschen Kohlekraftwerke gelten, gelöscht werden. Sonst könnten die hier vermiedenen Emissionen anderswo entstehen. Diese Löschung hat die Kohlekommission explizit gefordert, die Bundesregierung war sich Ende 2019 darüber noch nicht einig.

Mit dem endgültigen Aus für die Kohle macht die deutsche Energiewirtschaft einen großen Schritt zur vollständigen »Dekarbonisierung«, also dem Abschied aus den fossilen Energien. Bisher hat der Sektor bereits seinen Ausstoß so weit gesenkt, dass er bis 2020 fast minus 40 Prozent (das allgemeine deutsche Klimaziel) erreichen kann, wie der BDEW bereits Ende 2017 stolz feststellte: »Die Energiewirtschaft leistet ihren Beitrag«, hieß es.

Während die Wirtschaft den Kompromiss lobt, haben die Klimaschützer nur mit zusammengebissenen Zähnen zugestimmt. Die Regelung sei »nicht ausreichend, damit Deutschland das 1,5-Grad-Ziel aus dem Pariser Abkommen erreicht«, sagte Hans Joachim Schellnhuber, langjähriger Direktor des Potsdam-Instituts für Klimafolgenforschung (PIK) und selbst Mitglied der Kommission. Man habe vor allem zugestimmt, damit »der jahrelange Stillstand in der Klimapolitik durchbrochen wird«, meinte Hubert Weiger, Vorsitzender des Bunds für Umwelt und Naturschutz (BUND).

Der Kompromiss bringt eine Verbesserung des gesellschaftlichen Klimas in den betroffenen Regionen. »Wenn die Vorschläge umgesetzt werden, kann der Kohleausstieg fair gelingen«, sagte Brandenburgs SPD-Ministerpräsident Dietmar Woidke. Die Länder werden für den Verlust von etwa 20 000 direkten und 50 000 indirekten Arbeitsplätzen großzügig entschädigt – auch mit Blick darauf, eine weitere politische Radikalisierung in diesen Gegenden zu verhindern. Für viele andere Kohleregionen in Europa und in der Welt ist diese soziale Komponente, »niemanden zurückzulassen«, wie es Umweltministerin Svenja Schulze (SPD) formulierte, ein Vorbild.

Fazit: Der Kohleausstieg beendet die Ära der Kohle bis 2038 und reduziert deutlich die CO_2-Emissionen des Stromsektors, wenn er auch die Klimaziele von Paris nicht erreicht. Vor allem soll er auch für sozialen Frieden und wirtschaftliche Perspektiven in den betroffenen Regionen sorgen.

12

Der Verkehrssektor gilt in der deutschen Klimapolitik als Sorgenkind. Mit gutem Grund: Während die anderen Sektoren der Wirtschaft zwischen 1990 und 2017 deutlich ihren Ausstoß beim Kohlendioxid reduziert haben (so etwa die Industrie von 284 Millionen Tonnen CO_2 auf 193 Millionen, die Energiewirtschaft von 466 Millionen auf 328 Millionen Tonnen), sind die Emissionen aus den Auspufftöpfen von Autos, Lastkraftwagen, Flugzeugen und Motorrädern sogar auf 170 Millionen Tonnen leicht gestiegen.

Der »Klimaschutzplan 2050« der Bundesregierung hat dem Verkehr deshalb eine praktisch unlösbare Aufgabe gestellt: Bis 2030 sollen die Emissionen um 40 bis 42 Prozent gegenüber 1990 sinken. Nach langen Widerständen und Verzögerungen hat im Sommer 2019 das Verkehrsministerium über fünfzig Vorschläge vorgelegt, wie das zu erreichen wäre: Von der Förderung der Elektromobilität über Hilfen für die Bahn und die Umsetzung von strengeren EU-Abgasstandards. Diese Maßnahmen im »Klimaschutzprogramm 2030«, das die Große Koalition Ende September beschlossen hat, bringen nach Meinung von Experten allerdings nur etwa die Hälfte der nötigen CO_2-Einsparungen.

Der Grund für das Problem: Obwohl die Motoren effizienter geworden sind, sind Autos heute im Schnitt schwerer, mit entsprechend höherem Verbrauch. Fast ein Drittel aller Neuwagen sind SUVs. Und: Es wird einfach immer mehr gefahren. In der EU lag der durchschnittliche CO_2-Ausstoß der Pkw-Flotte

2018 nach Zahlen der Europäischen Umweltagentur (EEA) bei 120 Gramm pro Kilometer. Bis 2021 muss dieser Wert auf 95 Gramm gedrückt werden, sonst drohen den Herstellern jährlich Strafzahlungen in Milliardenhöhe.

Das ließe sich verhindern, wenn VW, BMW, Fiat, Volvo & Co. massiv Autos in den Markt brächten, die kein oder wenig CO_2 ausstießen. Da die Antriebe aus Gas, Biokraftstoffen oder Wasserstoff noch nicht ausgereift sind, haben sich viele Hersteller wie etwa VW auf die batterieelektrische Variante des Antriebs konzentriert: Bis 2023 will VW insgesamt 30 Milliarden Euro in den Bau von E-Modellen investieren. 2020 will der Konzern sein vollelektrisches und angeblich klimaneutrales Modell »ID« auf die Straße bringen. Praktisch alle Hersteller arbeiten fieberhaft an neuen E-Modellen mit Reichweiten bis zu 500 Kilometern.

Bisher besetzen E-Autos in Deutschland nur eine Nische von etwa ein Prozent der Verkäufe. Insgesamt fahren etwa 100 000 vollelektrische Wagen herum – weit entfernt von »einer Million E-Autos«, die Angela Merkel 2010 für 2020 ankündigte. Die Deutschen blieben den Verbrennungsmotoren treu.

Erst mit der Debatte um Luftschadstoffe wie Stickoxide und Feinstaub seit dem Abgasskandal (»Dieselgate«) hat sich etwas bewegt. Weil ein kleiner Umweltverband, die Deutsche Umwelthilfe (DUH), vor deutschen Gerichten erfolgreich die EU-Grenzwerte einklagte und Städte mit Fahrverboten vor allem für Dieselautos drohen, gerät der Verbrennungsmotor in die Defensive.

Doch ist E-Mobilität wirklich die Lösung? Ein Elektroauto stößt selbst kein CO_2 aus – ob es allerdings klimafreundlicher als ein Dieselwagen oder Benziner ist, entscheidet sich daran, welcher Strom in die Steckdose kommt. Wird der Strom wie in Schweden oder Norwegen (den Ländern mit dem größten Erfolg für Elektroautos in Europa) fast vollständig CO_2-

frei (aus Wasserkraft oder Atom) gewonnen, sind E-Autos im Betrieb vergleichsweise öko – auch wenn aus ihren Reifen und Bremsen immer noch Feinstaub entweicht und der Bau und das Recycling der Batterie viel Energie verbraucht und teilweise Umweltschäden verursacht.

Wie grün E-Autos tatsächlich sind, hat der Thinktank Agora Verkehrswende in einer umfangreichen Studie errechnen lassen. Das Ergebnis: »In allen (fünf) untersuchten Fällen hat das Elektroauto über den gesamten Lebensweg einen Klimavorteil gegenüber dem Verbrenner.« Je nach Strommix und Typ des Verbrennungsmotors liegen die Emissionen bei gleicher Fahrleistung zwischen drei und 50 Prozent niedriger, fand die Studie. Bei kleineren Autos in der Stadt und im Carsharing wird der Vorteil noch deutlicher.

Für echten Klimaschutz im Verkehr reicht allerdings auch ein Siegeszug der E-Mobile bei Weitem nicht aus. Mehrere Studien haben simuliert, was nötig wäre, um die nach dem Klimaplan der Regierung erforderliche Minderung von mindestens 40 Prozent zu erbringen: Dazu müssten etwa 30 bis 60 Prozent mehr Güter und Passagiere mit der Bahn statt mit dem Auto befördert werden als geplant, zehn Millionen E-Autos fahren und der Treibstoff deutlich verteuert werden, fand eine Studie im Auftrag des Bundesverbands der Deutschen Industrie. Agora Verkehrswende wiederum stellte eine eigene »Liste der Grausamkeiten« auf, um das Klimaziel zu erreichen: Dazu gehören unter anderem eine Pkw-Maut auf allen Straßen, eine Preiserhöhung für Diesel um 30 Cent pro Liter, die Erhöhung der Beförderungskosten bei Lkw um 20 Cent pro Kilometer und bei Privatwagen um zwei Euro pro gefahrenem Kilometer, doppelt so viel Rad- und Fußverkehr und 36 Prozent weniger Autos in der Stadt.

Dabei liefert paradoxerweise die am heftigsten umstrittene Maßnahme im Verkehr kaum Vorteile beim Klimaschutz: Ein generelles Tempolimit von 120 oder 130 km/h auf Autobahnen würde nach diesen Kalkulationen gerade einmal zwei bis drei Millionen der benötigten 50 Millionen Tonnen CO_2 pro Jahr einsparen. Ein Tempolimit, sagen Verkehrsexperten, würde die Sicherheit erhöhen und die Zahl der Todesopfer deutlich senken – aber als Klimaschutzmaßnahme wäre es nicht erste Wahl.

Fazit: Der Umstieg vom Verbrennungsmotor zu Elektroautos ist nötig, um den Klimaschutz im Verkehr endlich voranzubringen. Aber er reicht bei Weitem nicht aus. Ein nachhaltiges Verkehrssystem müsste deutlich weniger auf Autos, mehr auf zuverlässige und preiswerte Busse und Bahnen setzen und fossile Brennstoffe teurer machen.

13

Bedroht der Klimaschutz Industrie und Wirtschaftswachstum?

Bundeswirtschaftsminister Peter Altmaier (CDU) war im Juni 2019 deutlich: »Mehr Klimaschutz darf nicht zu größeren Belastungen der Unternehmen führen.« Industrieverbände, Experten und Politiker warnen immer wieder, die Wirtschaft beim Klimaschutz nicht zu überlasten: Es bringe nichts, Unternehmen so zu belasten, dass sie in Deutschland ihren Standort schließen und mit weniger Ökoauflagen anderswo wieder eröffnen. Und außerdem: Um Umweltschutz zu finanzieren, bräuchten die Firmen erst einmal eine solide wirtschaftliche Basis.

Erst muss der Schornstein rauchen, damit man die Mittel hat, etwas dagegen zu tun, dass er raucht. Dieses Denken dominiert seit Langem die Sicht der wirtschaftsnahen Verbände und Politiker auf die Umweltdebatte. Tatsächlich tauchen ja Investitionen in Filteranlagen, ökologische Rohstoffe oder umweltschonende Verfahren erst einmal als Kosten in den Bilanzen auf. Ein höherer Preis für CO_2 etwa führt zu höheren Preisen bei fossilen Brennstoffen und Mehrkosten in der Produktion, höhere Preise können die Nachfrage drosseln und das allgemeine Wirtschaftswachstum bremsen. Das schafft weniger Mehrwert, der in sozialen Fortschritt umzulenken ist.

So betrachtet bremst Klimaschutz erst einmal die Wachstumschancen der Unternehmen. Aber ein Blick auf die vergangenen Jahre zeigt: So schlicht sind die Zusammenhänge nicht.

Seit Beginn der Umweltgesetzgebung behaupten Unternehmen, die anstehende Regulierung (der Katalysator für das Auto, der Emissionshandel etc.) würde ihr Geschäftsmodell ruinieren. Dann zeigt sich, dass die Unternehmen die Preise oft an die Endkunden weitergeben können, dass sie zu grünen Innovationen getrieben werden, die sonst nicht stattgefunden hätten – und dass die Politik sie immer wieder von den Härten durch Subventionen oder Ausnahmen entlastet.

»Umwelt- und Klimaschutz sind Innovationstreiber«, sagte Umweltministerin Svenja Schulze (SPD) in einer indirekten Antwort auf ihren Kollegen Altmaier. »Längst drängen in ersten energieintensiven Branchen die Finanzvorstände auf Innovationen, weil sie sonst Nachteile am Kapitalmarkt fürchten.« Sie verwies auch auf die fast 340 000 Jobs in Deutschland, die inzwischen in den erneuerbaren Energien entstanden sind. Und auch anderswo sind die grünen Bilanzen oft positiv: Großbritannien etwa hat nach Regierungszahlen seit 1990 seine CO_2-Emissionen um 42 Prozent gesenkt – und über die gleiche Zeit ein Wirtschaftswachstum von 72 Prozent geschafft.

Hinzu kommt: Das bisherige System bevorzugt die verschmutzenden Industrien, weil sie für die Umwelt- und Klimaschäden ihres CO_2-Ausstoßes nur ansatzweise zur Kasse gebeten werden. Es ist heute undenkbar, dass in Deutschland eine Firma ihre gefährlichen Abfälle einfach in die Natur entsorgen könnte. Da gilt das Prinzip: Der Verschmutzer haftet und zahlt. Beim CO_2 ist das erst seit der Einführung des Emissionsrechtehandels für die Industrie 2005 der Fall. In den Bereichen Verkehr, Gebäude, Landwirtschaft und privater Verbrauch soll das sogar erst ab 2021 gelten.

Auch bei der Abwägung der Nachhaltigkeitsziele »setzen sich die Partikularinteressen oft durch«, sagt Christian Calliess, Rechtsprofessor und Mitglied im Sachverständigenrat für Umweltfragen der Bundesregierung. Bisher sieht die Nachhaltigkeitsstrategie der Bundesregierung offiziell im »Dreieck der Nachhaltigkeit« die Aspekte Wirtschaftlichkeit, soziales Wohlergehen und ökologische Verträglichkeit als gleichberechtigt an.

Das aber ist schon rein physikalisch nicht durchzuhalten. Es vernachlässigt, dass sauberes und verfügbares »Rohmaterial« wie Luft, Wasser und Boden die Voraussetzung ist, auf der sich jede Art von wirtschaftlicher Tätigkeit erst entfalten kann. Ohne gesunde Luft, ohne sauberes Trinkwasser und ohne fruchtbaren Boden, ohne ein stabiles Klima und eine ausreichende Vielfalt des Lebens können sich Handel und Produktion von Waren und Dienstleistungen nicht entwickeln. Die einheitlichen Wettbewerbsbedingungen, die Industrievertreter für sich gern fordern, sind in der Realität deutlich zugunsten der Wirtschaftsinteressen und deutlich zuungunsten der Gemeingüter wie Luft, Wasser, Boden, Klima und Biodiversität gekippt.

Was noch vor dreißig Jahren ein großer Sieg für das ökologische Bewusstsein war – dass Ökoaspekte so wichtig sind wie wirtschaftliche und soziale Fragen –, hat sich unter dem enormen Druck auf die Ökosysteme der Erde in eine Belastung verkehrt. Heute müsste es heißen: Nur stabile ökologische Grundlagen können wirtschaftlichen Erfolg und sozialen Fortschritt garantieren. Der internationale Gewerkschaftsbund ITUC sagt es so: »Es gibt keine Jobs auf einem toten Planeten.«

Selbst wenn man in den traditionellen Mustern der Wirtschaftswissenschaften verbleibt, muss Klimaschutz kein Jobkiller sein. Studien der Weltbank, der OECD und des Weltklimarats IPCC gehen davon aus, dass ernsthafter Klimaschutz selbstverständlich Verlierer hervorbringt – etwa in Branchen wie der Öl- und Kohlewirtschaft, der Autoindustrie oder der industriellen Landwirtschaft. Aber die Umstellung auf dezentrale und nachhaltige Wirtschaftsweise lasse andere Branchen deutlich profitieren, die unter dem Strich zu höherem Wachstum und mehr Arbeitsplätzen führen könnten. Allein die Vermeidung von Schäden durch einen ungebremsten Klimawandel oder ein massives Artensterben vermeide Kosten in Billionenhöhe – ganz abgesehen davon, dass sie die Welt für Menschen bewohnbar erhält.

Die »Dienstleistungen« des Planeten, wie die Bestäubung von Pflanzen, die Verfügbarkeit von Ackerböden oder Flüssen als Bewässerungssystemen, hat der Umweltverband WWF in seinem *Living Planet Report* auch monetär geschätzt. Die Umweltschützer kommen auf einen Gesamtwert der Natur von 125 Billionen US-Dollar – etwa doppelt so viel wie das weltweite Sozialprodukt von 2018. Es klingt wie eine absurde Zahlenspielerei, unseren Lebensgrundlagen ein Preisschild anzukleben. Gleichzeitig zeigt es, wie wertvoll die Dinge sind, die wir als gegeben hinnehmen.

Fazit: Umwelt- und Klimaschutz können Unternehmen belasten. Aber ökologischer Druck auf die Wirtschaft hat häufig als Innovationsmotor gewirkt. Ohne eine gesunde Natur sind jedenfalls weder Ökonomie noch sozialer Fortschritt möglich.

14

Brauchen wir eine Rückkehr zur Atomkraft?

»Deutschlands ungeliebte Klimaschützer« stand groß und provokativ auf den Plakaten, die das Deutsche Atomforum, der Lobbyverband der Kernenergie, 2007 kleben ließ. Darauf zu sehen waren idyllisch mitten im Grünen fotografierte Atomkraftwerke. Die Botschaft war klar: Ohne die praktisch emissionsfreie Elektrizität aus den Atomanlagen schafft es Deutschland nicht, seine Klimaziele einzuhalten.

Und es stimmt: Die Stromerzeugung aus Atomkraftwerken erzeugt deutlich weniger Treibhausgase als Kohle, Öl oder Gas. In Deutschland waren das 2007 nach einer Studie des Ökoinstituts etwa 32 Gramm CO_2 pro Kilowattstunde Strom. Zum Vergleich: Braunkohle verursacht bis zu 1100 Gramm, Gasblockheizkraftwerke 49 Gramm. Der Atomstrom verursacht in Frankreich acht, in Russland 65 Gramm, je nachdem wie viel fossile Energie für Vorbereitung und Entsorgung der radioaktiven und giftigen Stoffe anfällt.

Zu ihrem Höhepunkt um 2000 trugen die »ungeliebten Klimaschützer« etwa ein Drittel zum deutschen Strom bei, 2018 nur noch zwölf Prozent.

Bis 2022 soll der letzte deutsche Meiler abgeschaltet werden, so sieht es der Atomausstieg von 2000 vor, den die damalige rot-grüne Bundesregierung mit den Betreibern verhandelt hatte. 2010 verlängerte die schwarz-gelbe Regierung die Laufzeiten, um ein knappes Jahr später unter dem Eindruck von Fukushima praktisch wieder auf den alten Kurs zurückzukehren.

Hätte Deutschland statt seiner AKWs in gleichem Umfang Kohlekraftwerke abgeschaltet, dann läge das Klimaziel in greifbarer Nähe, hat die weltweite Lobby der Atomindustrie, die World Nuclear Association (WNA), kalkuliert: Deutschlands Emissionen lägen um jährlich 80 Millionen Tonnen niedriger. Immerhin setzen die Länder in Europa, die am weitesten bei den CO_2-Reduktionen sind, auf relativ große Anteile von Atomkraft in ihrem Strommix: Frankreich etwa 75 Prozent, Schweden ungefähr 40 Prozent, Großbritannien etwa 20 Prozent. Tatsächlich ist Deutschland das einzige Land, das mehr oder weniger gleichzeitig aus Kohle und Atom aussteigt.

Auch wenn es verlockend erscheinen mag, eine nukleare Renaissance wäre für Deutschland schwierig. Zum einen wäre ein solcher Schritt politisch höchst umstritten. Die Atomkraft gilt in weiten Teilen der Bevölkerung als unsicher und teuer, über Jahrzehnte hat »Atomkraft? Nein danke« das Land geprägt und gespalten. Der finale Ausstiegsbeschluss 2011 wurde vom damaligen CDU-Umweltminister Norbert Röttgen auch damit begründet, dass man einen Generationenkonflikt befrieden wolle. Wer also den Ausstieg aus dem Ausstieg fordert, stellt sich gegen eine Mehrheit der Bevölkerung.

Zweitens passen nukleare Anlagen nur schwer in ein dekarbonisiertes Energiesystem der Zukunft. Der weiträumige Umstieg auf Strom aus Wind, Sonne und Biomasse, gekoppelt mit hoher Effizienz, führt zu einem System, das sehr dynamisch ist: Das Angebot schwankt mit Wind und Sonnenschein, die Nachfrage wird sich großflächig darauf einstellen, Speicher, Vorausplanung und digitale Steuerung der Lastverteilung werden deutlich wichtiger. Dagegen sind Kernkraftwerke durch ihre langen Anlaufzeiten und ihre hohe Wartungsdichte darauf angewiesen, möglichst gleichmäßig möglichst viel Strom zu erzeugen – die »Grundlast« im alten System. Diese Art der Versorgung nimmt aber rapide ab.

Drittens stellt sich das Sicherheitsproblem. Die Menetekel der Atomkatastrophen von Harrisburg, Tschernobyl und Fukushima haben gezeigt, dass Fehler in der Nukleartechnik extrem gravierende Folgen haben können. Auch in deutschen Meilern, die ohne Zweifel besser gewartet und beaufsichtigt werden als in anderen Ländern, hat es über die Jahrzehnte Dutzende von kleineren und größeren Störfällen gegeben. Hinzu kommt die Frage, ob und wie das spaltbare Material gegen Terrorangriffe oder Diebstähle zum Bau einer »schmutzigen Bombe« gesichert werden kann – oder ob das Militär das Atomprogramm nicht für eine atomare Bewaffnung braucht.

Bis heute ist weder in Deutschland noch sonst irgendwo das Problem des extrem giftigen und radioaktiven Atommülls befriedigend gelöst. Die strahlenden Abfälle werden zwischengelagert, bis es ein zentrales Endlager gibt. Wo und wie das entsteht, soll 2031 der Bundestag entscheiden. Der Widerstand vieler Regionen ist bereits groß. Der Weiterbetrieb oder gar die Ausweitung der Nuklearflotte würde dieses Problem weiter verschärfen.

Das überzeugendste Anti-Atom-Argument aber ist schlicht das Geld. Die Kosten für Betrieb oder gar Neubau eines oder mehrerer Atomkraftwerke liegen über allen Alternativangeboten. Das Märchen von der »billigen Atomkraft« verfängt nur, wenn alle Kosten von Forschung, Aufbau, Sicherheit und Entsorgung von den Betreibern auf die Allgemeinheit verschoben werden. In einer Studie des DIW vom Juli 2019 heißt es, dass »keines der bisher über 600 weltweit gebauten Atomkraftwerke wettbewerbsfähig war«, sie liefen nur durch Subventionen. Mit Blick auf Investitionskosten, Strompreise und Kapitalkosten kommt die Studie zu dem Ergebnis, neue Anlagen würden »im Durchschnitt einen Verlust von 4,8 Milliarden Euro« erwirtschaften. »Unter keinen realistischen Umständen«, schreiben die Autoren, »kann ein AKW einen positiven

Nettobarwert ausweisen. Im besten Fall entsteht ein Verlust von 1,5 Milliarden Euro.«

Die derzeit aktuellen Neubauten von Atomkraftwerken funktionieren dann größtenteils auch nur in staatlich regulierten Märkten, in denen die Regierung Steuergeld für die atomare Entwicklung zuschießt (etwa in Russland oder China), in denen Atom-Staatskonzerne von der Regierung vor dem Bankrott gerettet werden (wie in Frankreich) oder in denen nukleare Bauvorhaben über einen garantierten Strompreis hoch subventioniert werden (wie in Großbritannien).

Aber selbst mit massivster Subventionierung wird Atomenergie kaum zum Klimaretter. Um die Pläne des Pariser Abkommens umzusetzen, müssten sich bis 2030 nach Projektionen der UN-Atombehörde IAEA die weltweiten Kapazitäten von 383 auf knapp 600 Gigawatt erhöhen. Dafür müssten alle alten Kraftwerke ersetzt und jährlich knapp zwanzig neue gebaut werden. Davon aber ist die Welt weit entfernt. Der unabhängige World Nuclear Industry Status Report verzeichnet einen klaren Trend: Außer in China nimmt die Produktion von Atomstrom überall ab. Und selbst in China hat Atomenergie nur einen Anteil von etwa 4 Prozent an der Stromerzeugung.

Fazit: Die CO_2-arme Atomkraft als Klimaretter ist nur eine theoretische Möglichkeit. In der Realität ist die Technik zu umstritten, zu unsicher und zu teuer, um einen großen Beitrag zum weltweiten Klimaschutz zu leisten.

15

Warum sind »Klimaskeptiker« keine Skeptiker?

Der Philosoph Erasmus von Rotterdam schrieb vor 500 Jahren: »Skeptiker erforschen und denken gründlich nach.« Damit ist der Anspruch der Wissenschaften formuliert. Die Klimawissenschaften, die viele Fachrichtungen wie die Physik, Chemie, Biologie, Ozeanografie oder Geologie einbeziehen, erforschen und denken heute besonders gründlich nach – mithilfe von Supercomputern, einer riesigen Menge von rigoros überwachten Projekten und mehrfach kontrollierten Studien sowie einem weltweit einmaligen Verbund von Wissenschaftlern, dem Weltklimarat IPCC. Die Experten legen Rechenschaft ab, mit welchen Methoden sie arbeiten, was sie wissen und was sie nicht wissen, welche Fragen offen bleiben und wer sie finanziert. Sie sind im besten Sinne Skeptiker.

Im Gegensatz zu einer kleinen, aber lautstarken Gruppe von Forschern, Lobbyisten, Politikern und Medienfachleuten, die den Begriff »Klimaskeptiker« für sich gekapert hat. Sie tauchen in den Medien auf (aber praktisch nie in wissenschaftlichen Publikationen), ziehen die Resultate der Wissenschaft in Zweifel, verbreiten oft Halb- oder Viertelwahrheiten und greifen renommierte Fachleute und bedeutende Institutionen mit Vorwürfen an, die sich in den meisten Fällen als haltlos erweisen. Zu ihren Thesen gehören etwa die Aussagen, CO_2 sei nicht an der Erwärmung schuld, der Klimawandel sei auf natürliche Ursachen zurückzuführen, die Klimamodelle seien nur Fiktion, und »alarmistische« Forscher wollten nur immer mehr Staatsgeld für ihre Forschung.

Der Kampf dieser »Klimaleugner« ist keine wissenschaftliche Debatte, auch wenn er sich so tarnt. Zwar gibt es einige wenige echte Wissenschaftler, die dem überwältigenden Konsens des IPCC in mehr oder weniger wichtigen Detailfragen widersprechen. Das Gros der Leugner meldet sich aber zu Wort, ohne als Klimawissenschaftler Erfahrung, stichhaltige Daten oder von der Wissenschaftsgemeinde akzeptierte Papers vorzuweisen. Der Kampf der angeblichen Skeptiker gegen die immer besser etablierte herrschende Wissenschaft zum Klimawandel hat andere Gründe, wie interne Dokumente umfangreich belegen: Verwirrung stiften, die Glaubwürdigkeit der Wissenschaft untergraben, politische Entscheidungen zum Klimaschutz verhindern, Lobbyarbeit für fossile Energien machen.

Das haben die US-Forscher Naomi Oreskes und Erik Conway in ihrem Buch *Merchants of Doubt* (deutsche Ausgabe: *Die Machiavellis der Wissenschaft*) akribisch nachgezeichnet: wie die Öl- und Kohleindustrie in den USA in den 1990er-Jahren eine Strategie beschloss und finanzierte, um die Wissenschaft zum Klimawandel zu denunzieren und politische Maßnahmen zu verhindern; wie bei den Ergebnissen der Studien gezielt auf die Unsicherheiten gepocht wurde; wie angebliche Experten zum Teil blanken Unsinn und Lügen verbreiten; wie prominente Forscher persönlich eingeschüchtert wurden.

Und das mit großem Erfolg: Die Stimmung, vor allem in den USA, wurde so manipuliert, dass ein großer Teil der Bevölkerung auch heute nicht an wissenschaftliche Fakten glaubt. Mit Donald Trump wurde ein Präsident gewählt, der den Klimawandel als »Erfindung der Chinesen« bezeichnet.

Die Wissenschaftler haben den Leugnern lange in die Hände gespielt: Ihre Arbeit war einerseits nicht transparent, andererseits waren sie zu offen bei der Kommunikation der Unsicherheiten. Sie dachten, Öffentlichkeit und Politik würden schon den Unterschied zwischen guter Wissenschaft und populistischem Getöse bemerken. Und sie unterschätzten, wie sehr der angebliche Skandal um »Climategate« 2009 (nicht zufällig direkt vor dem entscheidenden UN-Klimagipfel in Kopenhagen) die Diskussion veränderte: Gehackte E-Mails von Klimaforschern zeigten angeblich, wie Studien manipuliert wurden – nichts davon erwies sich später als wahr. Aber ein paar Detailfehler in den IPCC-Berichten und auch der Rückzug des langjährigen IPCC-Vorsitzenden Rajendra Pachauri wegen Vorwürfen von sexueller Belästigung 2015 warfen zusätzlich schlechtes Licht auf die Klimawissenschaften.

Auch die Medien haben bewusst und unbewusst die Attacken auf die Wissenschaft unterstützt. Manche Reporter übertreiben aus Unwissen oder Sensationslust die Warnungen der Wissenschaft und stellen sie so in ein schlechtes Licht. Aber vor allem der journalistische Grundsatz, auch immer die Gegenseite zu präsentieren, führte zu einer verzerrten Darstellung der Realität: Während sich die Wissenschaftler weltweit praktisch einig in den Grundfragen beim Klima sind, entstand in vielen Medien der Eindruck, die Debatte sei noch nicht entschieden. Der Erfolg des Internets und der sozialen Medien hat diese Tendenz verstärkt. Eine aktuelle Studie zeigte 2019, dass unwissenschaftliche Wortmeldungen von Klimawandel-Leugnern häufiger in den Medien auftauchen als seriöse Informationen aus der ernst zu nehmenden Wissenschaft.

Fazit: »Klimaskeptiker« sind in den allermeisten Fällen nicht auf der Suche nach der Wahrheit, sondern nutzen Verdrehungen und Falschbehauptungen, um seriöse Wissenschaftler zu denunzieren und Fortschritte in der Klimapolitik zu bremsen. Die »Debatten« dieser Klimaleugner sind keine wissenschaftlichen Diskussionen, sondern politisch und ökonomisch motivierte Desinformationskampagnen.

16

Wie viel hilft Energiesparen?

In der deutschen Energiepolitik gibt es seit Jahrzehnten einen »schlafenden Riesen« – die Effizienz, also die Möglichkeit, Energie effektiver zu nutzen. Doch trotz aller Chancen und Versuche, ihn zu wecken, schlummert dieser Riese hartnäckig weiter. Dabei wäre er ein wichtiger Partner beim Klimaschutz.

»Klimaschutz durch Energieeffizienz« wollen alle, vom Bundesumweltministerium bis zu Hotels und dem Milchindustrieverband, denn allein der technische Fortschritt führt schon zu einer verbesserten Bilanz. Die Industrie der meisten entwickelten Länder hat sich daher seit Jahren bei der Produktion vom Energieeinsatz »entkoppelt«. In den OECD-Ländern wuchs nach einer Studie des Deutschen Instituts für Wirtschaftsforschung (DIW) die Wirtschaft zwischen 2004 und 2014 um 16 Prozent, während die Verbrennung von Kohle, Öl und Gas um sechs Prozent sank. In Deutschland ist der Trend sogar noch deutlicher: Zwischen 1990 und 2010 wuchs das Bruttoinlandsprodukt um 31 Prozent, der Energieverbrauch ging um sechs Prozent zurück.

Das reicht allerdings nicht. Die Bundesregierung selbst hat in ihrer Nachhaltigkeitsstrategie beschlossen, die Energieproduktivität (also das Verhältnis von eingesetzter Energie zur Produktion) bis 2020 gegenüber 1990 zu verdoppeln. Dafür müsste der Verbrauch jedes Jahr um 3,7 Prozent effizienter werden – erreicht wird nach Informationen des Forschungsverbunds EnEff:Industrie aber nur gut ein Prozent, also nicht einmal ein Drittel des angestrebten Wertes.

Weil ein großer Teil der Energie aus den fossilen Brennstoffen stammt, sind die Kohlendioxidemissionen nicht so gesunken wie erhofft. Gleichzeitig sind die Preise für Öl, Gas, Kohle und Strom aus diesen Energieträgern real gesunken: Im Verhältnis zur Kaufkraft sind Benzin und Strom heute teilweise günstiger als vor Jahrzehnten. Die Mahnungen »Licht aus« oder »Motor aus« hört man heute vielleicht aus ökologischen Gründen, aber seltener, weil sie den Geldbeutel betreffen. Dazu kommt: Energiekosten sind in privaten Haushalten kaum transparent. Oder wissen Sie, wie viel Kilowattstunden Strom Sie zu Hause im Jahr verbrauchen?

Viele Modellrechnungen für die künftige Energiepolitik gehen stillschweigend von einer großen Unbekannten aus: dem drastischen Rückgang beim allgemeinen Energieverbrauch. Bis 2050, so diese Annahmen, sinkt der absolute gesamtgesellschaftliche Einsatz von Energie drastisch. Das UBA etwa rechnet damit, dass bis 2050 der Energieverbrauch der Industrie um etwa ein Drittel sinkt, bei den Dienstleistungen auf etwa die Hälfte und in privaten Haushalten auf ein Sechstel des Niveaus von 2010. Der schlafende Riese lässt grüßen.

Die Hindernisse im echten Leben sind groß. Bei Gebäuden etwa müsste die Sanierungsrate von derzeit etwa ein Prozent aller deutschen Häuser pro Jahr mindestens verdreifacht werden. Aber seit Jahren streiten sich Bund und Länder ergebnislos darüber, wer die Kosten für ein solches Förderprogramm zu tragen hat. Erst 2019 beschloss die Bundesregierung in ihrem Klimapaket, das Problem endlich anzugehen. Bei neuen Autos wiederum kommt der Trend zu immer größeren und schwereren Autos der Effizienz in die Quere.

Dass die Effizienzgewinne durch mehr Verbrauch wieder aufgefressen werden – teilweise, gerade weil der sparsame Umgang mit den Ressourcen Geld frei macht, das dann eben in mehr Konsum umgesetzt wird –, nennen Experten den »Rebound-Effekt«. Wie ein Ball von einer Mauer zurückspringt, so kommen auch alle schönen Erfolge beim Sparen wieder zurück auf null, wenn zwar immer effizienter, dafür aber immer mehr produziert und konsumiert wird.

Der Dornröschenschlaf der Effizienz hat auch noch einen anderen Grund: Sparen ist nicht sexy. Wer weniger von etwas verbraucht, kann kein Wachstum für sich reklamieren. Einsparungen sind zumindest beim Ressourcen- und Energieverbrauch nicht direkt zu sehen, Politiker können nicht damit werben.

Fazit: Mehr Energie zu sparen, also sie effizienter zu nutzen, ist eine Vorbedingung für Klimaschutz, weil der Gebrauch von fossilen Energieträgern drastisch zurückgehen muss. In der Praxis hindern aber alte Gewohnheiten, niedrige Preise und die falsche Vorstellung von zu hohen Kosten den Fortschritt.

Was bewirkt es,
wenn wir unser
Verhalten ändern?

←

17

Das Ziel war hoch: In einem Jahr mit der Familie das schaffen, woran Deutschland seit Jahrzehnten scheitert – nämlich die CO_2-Emissionen um 40 Prozent zu senken. Das war die Vorgabe des Projekts »Klimaneutral leben in Berlin« (KliB), mit dem das Potsdam-Institut für Klimafolgenforschung 2018 etwa 100 Familien zusammenbrachte. Die Idee: mit Aufklärung und Beratung die Bürgerinnen und Bürger dabei zu begleiten, wie sie versuchen, ihren CO_2-Fußabdruck so weit wie möglich zu schrumpfen.

Das Zwischenergebnis: Ordentliche Einsparungen sind möglich, die 40 Prozent wurden wohl knapp verfehlt. Die KliB-Familien lagen deutlich unter dem deutschen Durchschnittswert, »ein Leben mit einem Drittel weniger Emissionen ist machbar«, hieß es bei der Abschlussveranstaltung im Januar 2019. Genaue Bilanzen stehen noch aus, aber es steht schon fest, dass die Reduzierungen durch verändertes Verbraucherverhalten erreicht wurden: das Auto stehen lassen, kein oder wenig Fleisch essen, einen neuen Kühlschrank kaufen. Und vor allem: auf Flüge verzichten.

Der Ansatz ist logisch: Wir alle als Konsumenten verursachen direkt oder indirekt Emissionen von Treibhausgasen. Je nach Rechnung liegt Deutschland bei den Pro-Kopf-Emissionen von knapp zehn Tonnen weltweit derzeit an 24. Stelle (Rang eins belegt das Ölland Katar mit 30 Tonnen) und ist weit entfernt von dem, was erlaubt wäre: Hätten alle Menschen auf der Welt das gleiche Recht, die Atmosphäre zu verschmutzen, und wollten wir das 2-Grad-Ziel einhalten, dürften unsere Pro-Kopf-Emissionen nicht höher als ein oder knapp zwei Tonnen sein.

Ein Teil unserer »Klimaschulden« stammt aus Industrie und Stromerzeugung, auf die wir nur indirekt Einfluss haben: In allen Produkten, von der Erdbeermarmelade bis zum Laptop, stecken Emissionen für den Abbau der Ressourcen, die Fertigung und den Transport, auch für die Entsorgung. Wir können Ökostrom beziehen, Busse und Bahnen statt das eigene Auto nehmen und vegetarisch leben oder Biolebensmittel kaufen – alles Möglichkeiten, unsere CO_2-Bilanz zu verbessern. Den größten Einfluss auf die persönliche Klimabilanz aber hat das Fliegen: Mit einem Trip nach New York (3,6 Tonnen CO_2 pro Kopf) nutzen wir schon knapp doppelt so viel, wie uns in einem Jahr für das 2-Grad-Budget zustände.

Für alle, die das schlechte Gewissen zwackt, gibt es neben der Verhaltensänderung die Möglichkeit, sich freizukaufen: Inzwischen bieten viele Anbieter wie myclimate oder atmosfair die Möglichkeit, über eigene Projekte die Klimabelastung zu kompensieren. Wer also nach New York fliegt, kann die Klimawirkung für 84 Euro »neutralisieren«. Das Geld wird dann zum Beispiel in Nepal verwendet, um Solarkocher zu finanzieren, mit denen die Bevölkerung vor Ort fossile Brennstoffe sparen, den Waldbestand sichern und ihre Gesundheit verbessern kann, weil sie weniger unter dem Rauch im Haus leiden.

Allerdings leiden alle Kompensationsprojekte unter dem gleichen Fehler: Sie verringern nicht die realen Emissionen, die sofort in der Luft sind, sondern verhindern über eine längere Zeit wahrscheinlich nur andere Emissionen. Bei Aufforstungen ist nicht klar, wie lange der Wald stehen bleibt, ein Solarkocher muss erst mal ein paar Jahre laufen, ehe er die Summe CO_2 vermeidet, die er kompensieren soll. Und nicht zuletzt wird das »grüne Gewissen« kritisiert, weil es den Reichen dieser Welt erlaubt, mit ihrer zerstörerischen und verschwenderischen Lebensweise auf Kosten der Armen und der Umwelt fortzufahren (welchen New-York-Touristen würden zusätzliche 84 Euro von seinem Trip abhalten?) und sich dabei auch noch gut zu fühlen. 80 Prozent der Weltbevölkerung dagegen haben noch nie in einem Flugzeug gesessen.

Für einen klimaneutralen Lebensstil müssen wir ganz sicher unser Verhalten ändern: weniger fliegen, weniger Verbrennungsmotoren benutzen, weniger Fleisch essen. Allerdings müssen viele dieser Fragen nicht individuell, sondern als Gemeinschaft entschieden werden. Die grundsätzlichen Weichenstellungen zu einer klimaneutralen Lebensweise kann nicht jede Familie und jeder Konsument dauernd für sich selbst treffen. Um diese moralische und planerische Überforderung zu vermeiden, muss es gesetzliche Regeln geben – wir ertragen es ja auch ohne Murren, eine Versicherung für unser Auto abzuschließen oder in die Krankenkasse zu zahlen.

Konkret heißt das: Wenn Fliegen billiger ist als Bahnfahren, dann muss das durch die Anlastung der Kosten für den Umweltverbrauch ausgeglichen werden. Wenn die öffentliche Hand jedes Jahr mehr als 50 Milliarden Euro an direkten und indirekten Subventionen verteilt, die die Umwelt schädigen, dann müssen diese Regeln geändert werden. Ein ordentlicher und stetig steigender CO_2-Preis, der zu weniger Verbrauch von Öl, Gas und Kohle führt, würde dabei helfen.

Dabei bedeutet »unser Verhalten ändern« nicht zwangsläufig, dass wir schlechter leben. Es gibt Felder, da merken wir die »grünere« Variante kaum: Ob Strom aus Erneuerbaren oder aus der Kohle kommt, merken wir nicht an der Lampe; ob unser Haus weniger Brennstoff fürs Heizen braucht, weil es gut gedämmt ist, merken wir nicht, wenn es im Winter warm ist. Ob unser Auto mit Strom oder Benzin fährt, merken wir kaum.

Und: Wer schon einmal mit dem Rauchen aufgehört hat, der weiß, dass es auch lohnend sein kann, sich anders zu verhalten. Weniger Fleisch zu essen, raten uns die Mediziner schon aus gesundheitlichen Gründen. Möglicherweise können wir es sogar mehr genießen, wenn es aus nachhaltiger Zucht kommt und wir wissen, dass die Tiere nicht gequält wurden. Weniger im Auto mit Verbrennungsmotor zu sitzen, kann den Stress beim Pendeln reduzieren, kann dazu beitragen, die Verkehrsplanung in den Städten nicht nur vom Auto her zu denken, oder uns dazu bringen, mehr darüber nachzudenken, welche Wege wir eigentlich wie zurücklegen wollen. Und weniger ins Flugzeug zu steigen kann bedeuten, öfter die nähere Umgebung zu erkunden – und die großen Reisen wieder als außergewöhnliche Abenteuer zu begreifen.

Fazit: Ohne Verhaltensänderungen wird es keinen Klimaschutz geben. Aber diese Regeln müssen vor allem politisch entschieden werden, nicht jeweils individuell. Und anders leben muss nicht heißen, sein Leben weniger zu genießen.

Einen »Glücksmoment der Vereinten Nationen« nennt der Präsident des deutschen Umweltbundesamts, Dirk Messner, den Herbst 2015. Erst beschlossen die Staaten in New York die 17 Entwicklungsziele der »Sustainable Development Goals«, dann im Dezember bei der Klimakonferenz in Frankreichs Hauptstadt das »Paris Agreement«: den ersten völkerrechtlich verbindlichen internationalen Vertrag zum Klima, der alle verantwortlichen Staaten einbezieht.

Das Pariser Abkommen formuliert hohe Ziele. Zu den wichtigsten gehören: Bis 2100 soll die Erhitzung der Welt auf »deutlich unter 2 Grad Celsius« begrenzt werden, und es sollen »Anstrengungen unternommen werden«, um nur 1,5 Grad Celsius zu erreichen. Dafür sollen die CO_2-Emissionen »so bald wie möglich« ihren Höhepunkt erreichen und »in der zweiten Hälfte des Jahrhunderts eine Balance zwischen menschengemachten Emissionen aus Quellen und Einlagerungen in Senken« geschafft – also der CO_2-Ausstoß praktisch beendet werden, wenn er nicht kompensiert wird. Ab 2020 sollen die Industriestaaten jährlich mindestens 100 Milliarden Dollar mobilisieren, um damit Klimaschutz und Anpassung an die Klimakrise in den armen Ländern zu finanzieren. Und, ganz wichtig: Anders als die Klimarahmenkonvention von 1992 und das Kyoto-Protokoll von 1997 unterscheidet das Pariser Abkommen nicht mehr zwischen Industrieländern (den »Verursachern«) und dem Rest der Welt (den »Opfern«). Darum werden alle Staaten regelmäßig Klimapläne vorlegen.

Das Abkommen war ein Durchbruch, und es wurde so schnell ratifiziert wie kaum ein anderer internationaler Vertrag. Bereits ein Jahr später wurde es rechtsgültig. Aber zur gleichen Zeit zeigten sich auch seine Grenzen: In den USA wurde praktisch zeitgleich Donald Trump zum Präsidenten gewählt, der den Klimawandel leugnet und verkündete, die USA würden das Abkommen verlassen – wofür der internationale Vertrag keine Sanktionen vorsieht.

Das liegt in der Natur des Abkommens. Es setzt völlig auf Freiwilligkeit: Kein Staat wird gezwungen, seine CO_2-Emissionen zu reduzieren. Alle Staaten legen eigene Klimapläne (sogenannte NDCs, »Nationally Determined Contributions«) vor, in denen sie aufführen, wie und wann Emissionen reduziert werden, wie der Wald geschützt wird, welche Techniken und Gesetze umgesetzt werden oder wie Anpassungen aussehen sollen.

Dabei trat direkt ein großer Nachteil zutage: Rechnet man nämlich alle diese Verpflichtungen zusammen, werden die Ziele des Abkommens deutlich verfehlt. Selbst wenn alles umgesetzt wird, was die bisherigen NDCs vorschlagen, landet die Welt 2100 bei etwa 3 Grad zusätzlicher Erwärmung, haben die Experten des Thinktanks Climate Action Tracker nachgerechnet.

Auch in der realen Welt hat das Abkommen noch kaum Spuren hinterlassen. Seit 2016 steigen die CO_2-Emissionen weltweit wieder. Vor allem in Südostasien werden viele neue Kohlekraftwerke geplant und gebaut, was den Zielen des Abkommens zuwiderläuft. Nationalistische Regierungen wie in Brasilien stellen das Abkommen infrage und vernichten den Regenwald so schnell wie lange nicht mehr. Auch der Handelskonflikt mit den USA und das Ausscheren Washingtons beim Abkommen führen dazu, dass China seine Klimaschutzpolitik in Zweifel zieht.

Aber das Abkommen bringt auch große Vorteile. Als gültiger Vertrag bindet es die Staaten im Völkerrecht, das bedeutet, wer dagegen verstößt, muss mit Konsequenzen auch in anderen Bereichen rechnen, etwa beim Handel. Aus den klaren Zielen folgt politischer Druck durch die Öffentlichkeit, die Wissenschaft und Umweltgruppen. Die Sonderberichte des Weltklimarats IPCC etwa zum 1,5-Grad-Ziel, zur Landnutzung sowie zu Meeren und Eisflächen von 2018 und 2019 nehmen Bezug auf das Abkommen. In den einzelnen Staaten selbst wächst der politische und juristische Druck auf Regierungen zu wirksamen Maßnahmen – Klimapolitik ist nicht mehr nur ein Nebenprodukt, sondern wird als Verpflichtung begriffen, die möglicherweise auch eingeklagt werden kann. Öffentliche Banken, Versicherungen, Finanzbehörden und die Investoren an den Börsen haben nun eine Vorgabe, wohin sich die Klimapolitik entwickelt. Der Boom der erneuerbaren Energien, die sich laut UN im letzten Jahrzehnt vervierfacht haben, geht auch auf den klaren Rahmen zurück, der am 12. Dezember 2015 Paris gesetzt wurde.

Fazit: Das Pariser Abkommen zwingt kein Land gegen seinen Willen zum Klimaschutz, und bisher reichen die freiwilligen Beiträge der Länder bei Weitem nicht, um die Ziele zu erreichen. Aber die völkerrechtlich bindende Verpflichtung fast aller wichtigen Staaten löst in der Innenpolitik und bei den Entscheidungen für Investitionen einen wichtigen Richtungswandel aus.

19

Warum verfehlt Deutschland seine Klimaziele?

Mit dem Koalitionsvertrag von SPD und CDU/CSU im Frühjahr 2018 wurde offiziell, was Fachleute schon seit Jahren ahnten: Deutschland verfehlt sein Ziel, seine Treibhausgasemissionen bis 2020 gegenüber 1990 um 40 Prozent zu verringern. Nach Schätzungen der Bundesregierung wird im Dezember 2020 wohl nur ein Minus von 32 bis 35 Prozent auf dem Konto stehen.

Das ist politisch peinlich, aber nicht neu. Bereits 1995, zur ersten UN-Klimakonferenz in Berlin, hatte der damalige CDU-Kanzler Helmut Kohl der Welt versprochen, Deutschland werde bis 2005 seine Emissionen um 25 Prozent zurückfahren. Geschafft wurden 21 Prozent. Beide Ziele waren allerdings nur politisch bindend, nicht rechtlich. Und die niedrigeren internationalen Vorgaben unter dem Kyoto-Protokoll (minus 21 Prozent zwischen 2008 und 2012) erfüllte Deutschland damit auch gerade so.

Politisch heikler und teurer dagegen wird die Zielverfehlung auf EU-Ebene. Denn Deutschland hat sich gegenüber der EU verpflichtet, seine Emissionen aus den Bereichen Verkehr, Landwirtschaft, dem Heizen von Gebäuden und von Industriebetrieben, die nicht dem EU-Emmissionshandel unterliegen, um 14 Prozent gegenüber 2005 zu verringern, wird aber wohl nur elf Prozent erreichen. Dafür wird Deutschland Emissionszertifikate von anderen EU-Staaten kaufen müssen. Ein Gutachten des Thinktanks Agora Energiewende warnte 2018 vor »ernsten Risiken für den Bundeshaushalt«: Von 2021 bis 2030 könne das insgesamt 30 bis 60 Milliarden Euro Steuergeld kosten.

Wie konnte das dem Land der Energiewende, regiert von der »Klimakanzlerin« Angela Merkel, passieren? Die deutschen Treibhausgasemissionen sanken seit 1990 von 1251 Millionen Tonnen auf 906 Millionen in 2009. Seitdem stagnierte der Trend praktisch bis 2018, wo die Emissionen erstmals wieder deutlich, um 4,5 Prozent, sanken – nicht zuletzt wegen eines warmen Winters. 2018 lag der Ausstoß nach Zahlen des Umweltbundesamts bei 866 Millionen Tonnen. Zum Vergleich: Die Zielgröße (minus 40 Prozent) für 2020 sind 751 Millionen Tonnen.

Die Gründe sind vielfältig: Grundsätzlich verdeckten die Anfangserfolge bei der CO_2-Reduzierung, dass sich strukturell wenig verändert hat. Denn nach der deutschen Wiedervereinigung 1990 wurden viele Fabriken und Kraftwerke in der ehemaligen DDR stillgelegt, die mit ineffizienten Maschinen und Kraftwerken für einen hohen CO_2-Ausstoß gesorgt hatten. Für die Bilanz half auch, dass viele Industrien ins Ausland verlagert wurden. Die nahmen nicht nur Jobs und Wertschöpfung mit, sondern eben auch ihre Emissionen.

Weil bis zur Änderung der Vorschriften im »Klimapaket« von 2019 nur etwa die Hälfte der deutschen Emissionen einer Grenze und einem Handel unterlag, blieb die andere Hälfte des deutschen CO_2-Ausstoßes unreguliert. Das heißt: Für die Verbrennung von Öl, Gas und Kohle in Teilen der Industrie, dem Verkehr, den privaten Haushalten oder der Landwirtschaft gab es kaum steigende Preise, es fehlten die Anreize zur Einsparung.

Um die Emissionen zu verringern, gab es zwar Förderprogramme, Werbekampagnen und Aufklärungsarbeit von Bund, Ländern und Gemeinden, aber keine konsistenten politischen Rahmenbedingungen. Die energetische Sanierung des Gebäudebestands bleibt weiter hinter den Zielen zurück. Energieintensive Betriebe wurden und werden von der Ökosteuer

befreit und oftmals mit freien Zuteilungen von CO_2-Zertifikaten unterstützt, was ebenfalls den Schwung zu mehr Effizienz bremst.

Im Verkehr sind die CO_2-Austöße seit 1990 nicht etwa gefallen, sondern sogar leicht gestiegen. Der Grund: Die Motoren werden zwar effizienter, aber die Autos immer schwerer, allen voran die beliebten Sport Utility Vehicles, kurz: SUVs. Außerdem wird mehr gefahren, und Deutschland ist als Transitland in der Mitte Europas und stärkste Volkswirtschaft der EU stark vom Verkehr abhängig. Das Angebot der Deutschen Bahn hat sich deutlich verschlechtert.

Auch die gute Erholung der deutschen Wirtschaft nach der Weltwirtschaftskrise 2008/2009 ist ein Grund. Die lange Wachstumsphase schlug sich auch in hohen Emissionen nieder. Der niedrige Preis bei den CO_2-Zertifikaten führte dazu, dass in Deutschland viel Strom aus der klimaschädlichen Braunkohle erzeugt wurde. Und schließlich wuchs mit der Flüchtlingswelle 2015 die Bevölkerung in Deutschland um eine knappe Million Menschen an. Auch das erhöhte den Druck auf die CO_2-Bilanz: Mehr Menschen bedeuten mehr Emissionen.

Das Beispiel Deutschland zeigt aber auch: Fast alle Länder tun sich schwer mit der Umsetzung von Klimapolitik. Das hat viele Gründe, die das Klimathema zu einer extrem komplexen Frage machen. Sobald es um mehr geht als um Zahlenkosmetik, einfache Einsparpotenziale und Win-win-Situationen, stellt sich heraus: Echter Klimaschutz bedeutet, den Stoffwechsel unserer Gesellschaften von Grund auf zu verändern, und zwar während die Geschäfte möglichst störungsfrei weiterlaufen.

Eine zentrale Schwierigkeit liegt darin, dass Ursachen, Gegenmaßnahmen und Erfolge in der Klimadebatte praktisch völlig entkoppelt sind: Die Verbrennung von Kohle, Gas und Öl erzeugt ein unsichtbares Gas, die Folgen treten weit entfernt in Raum und Zeit auf. Umso schwieriger ist es, für

Gegenmaßnahmen im Hier und Jetzt knappe Ressourcen wie Geld, Material und Zeit aufzuwenden. Politiker sind für kurze Amtszeiten gewählt, Unternehmen rechnen in noch kurzsichtigeren Quartalsbilanzen. Es ist unpopulär, jetzt Kosten zu tragen, deren Gewinne sich erst in der fernen Zukunft einstellen.

Ganz pragmatisch kommt dazu, dass Regierungen in den meisten Fällen keinen direkten Zugriff auf Emissionsquellen haben. Die wenigsten Kraftwerke, Fabriken und Autos sind in der Hand des Staates. Selbst staatliche oder »volkseigene« Unternehmen unterliegen an den Märkten ähnlichen Zwängen wie private Firmen. Die Ökobilanz von Staatsunternehmen ist daher nicht unbedingt besser als die von privaten Firmen. In Deutschland etwa waren mit RWE, EnBW und Vattenfall über lange Jahre drei der vier großen Energieunternehmen in öffentlicher Hand. Trotzdem – oder deshalb – war ihre Klimapolitik kaum von der ihrer privaten Konkurrenten zu unterscheiden.

Über die letzten 150 Jahre ist in praktisch allen Ländern ein System der gegenseitigen Abhängigkeiten von Wirtschaft, Politik und Gesellschaft auf Basis der Ausbeutung von fossilen Rohstoffen entstanden, von dem alle profitierten und das großartigen Fortschritt möglich machte. Die kurzfristig billige Energie befeuert das Wirtschaftswachstum, sorgt für Steuereinnahmen und Arbeitsplätze. Wer daran etwas ändern will, bringt ein ganzes System durcheinander. Mit der »Zukunft unserer Kinder« zu argumentieren ist dann schwierig, Veränderungen sind oft nur – wie beim deutschen Kohleausstieg – im Konsens und mit viel Geld möglich: 40 Milliarden Euro, um den Verlust von insgesamt 20 000 Jobs auszugleichen.

Es gab und gibt nur wenige »Agenten des Wandels«. In den Verbänden und Parteien sind die »alten Seilschaften« gut organisiert, neue Kraftzentren entstehen nur langsam. In den Bundestagsfraktionen von SPD, CDU und FDP, den klassischen

Regierungsparteien, haben Verfechter eines ernsthaften Klimaschutzes über die letzten Jahrzehnte immer ein Nischendasein geführt. Ausnahmepersönlichkeiten, wie der 2010 verstorbene SPD-Politiker Hermann Scheer oder der CSU-Abgeordnete Josef Göppel, und Ausnahmesituationen, wie nach dem Atomunfall in Fukushima 2011, waren eben genau das – Ausnahmen.

Zudem scheut die Politik den Konflikt. In der deutschen Energiewende wurden zwar mit viel Geld Solar-, Wind- und Biomassekraftwerke errichtet. Allerdings kamen die Öko-Industrien *zusätzlich* auf den Markt – eine Verdrängung von fossilen Kraftwerken fand in den ersten zwanzig Jahren praktisch nicht statt. Das erklärt das deutsche Energiewendeparadox: viel Ökostrom im Netz, kaum sinkende Emissionen. Ein echtes Umsteuern verhinderte lange der Einfluss von Stromkonzernen und energieintensiven Industrien, die sich gegen Auflagen wehrten. Über enge Verbindungen zu politischen Entscheidern, Parteispenden, Werbekampagnen und die Mobilisierung der Beschäftigten durch die Gewerkschaften bildete die deutsche Industrie (ähnlich wie in anderen Ländern) ein starkes Bollwerk gegen zusätzliche Kosten durch entschiedenen Klimaschutz.

Schließlich lassen juristische Hebel bisher auf sich warten. Zwar ist das Pariser Abkommen geltendes Völkerrecht, und immer häufiger klagen Menschen gegen Regierungen auf effektiven Klimaschutz. Inzwischen steht der Umweltschutz in Artikel 20a des Grundgesetzes. Aber Regierung und Parlament werden nicht unmittelbar gebunden, Umweltschutz ist oft nicht einklagbar und »verliert deshalb in der Abwägung mit anderen Belangen«, sagt Christian Calliess, Professor für öffentliches Recht an der Freien Universität Berlin und Mitglied des Sachverständigenrats für Umweltfragen der Bundesregierung. Ob das »Klimaschutzgesetz« der Großen Koalition daran etwas ändert, wird sich zeigen.

Insgesamt mangelt es beim Klimaschutz nicht an Zielen, sondern an konkreten Maßnahmen, mit denen diese Ziele erreicht werden sollen. Es wird umso schwieriger, wenn ein breiter gesellschaftlicher Konsens fehlt. In den USA etwa ist die Frage zwischen Demokraten und Republikanern so brisant politisiert, dass eine Einigung kaum möglich scheint. Besonders schwierig wird es, wenn die Energieversorgung oder die Staatseinnahmen auf fossile Brennstoffe angewiesen sind, wie es etwa in Polen oder Saudi-Arabien der Fall ist. Wenn der Strukturwandel vielen Menschen Angst macht, ist er kaum durchzusetzen.

Wichtig sind auch sogenannte Lock-in-Effekte: Ein Kohlekraftwerk, das einmal am Netz ist, muss so lange laufen, bis es seine Investitionen eingespielt hat (plus Rendite). Wenn technische Anlagen für Milliarden errichtet wurden, wird es sehr schwierig und sehr teuer, sie frühzeitig abzuschalten. Es gibt aber auch einen mentalen Lock-in-Effekt. Wer sich eine andere Zukunft, also eine Versorgung der Gesellschaft ohne fossile Stoffe, nicht vorstellen kann oder will, wird kaum von der Transformation der Gesellschaft zu überzeugen sein. Selbst Experten sind davor nicht gefeit. So hat die Internationale Energieagentur (IEA) jahrelang das Potenzial für den Ausbau erneuerbarer Energien gewaltig unterschätzt.

Fazit: Deutschland hat bisher seine Klimaziele verfehlt, weil über die letzten Jahrzehnte keine stringente Strategie verfolgt wurde, die es zur Priorität machte, CO_2-Emissionen zu senken. Echter Klimaschutz wird gebremst, wenn es keinen politischen Konsens und keine verlässliche Langzeitplanung dafür gibt und das Beharrungsvermögen von etablierten Interessen stark ist. Außerdem müssen für eine postfossile Gesellschaft Alternativen nicht nur denkbar, sondern auch technisch, sozial und ökonomisch machbar sein.

20

Wie funktioniert der Emissionshandel?

Eines der hartnäckigsten Missverständnisse in der Energiepolitik lautet: »Der Emissionshandel funktioniert nicht.« Das ist falsch. Das Europäische Emissionshandelssystem (EU ETS) liefert genau die Resultate, die es erreichen soll – im Gegensatz zur teilweise erratischen Politik der EU-Staaten, etwa in Deutschland.

Das hat einen einfachen Grund: Der Emissionshandel steuert direkt die Menge an CO_2, die ausgestoßen werden darf. Er setzt eine absolute Obergrenze (»Cap«), die jedes Jahr absinkt. Für jede Tonne CO_2, die in diesem System ausgestoßen wird, müssen die betroffenen Unternehmen eine Lizenz vorweisen, die sie kaufen oder gratis zugeteilt bekommen. Sparen sie CO_2 ein, können sie diese Lizenzen an andere Unternehmen verkaufen, die nicht so effizient arbeiten oder ihre Produktion ausweiten wollen (»Trade«). Deswegen heißen diese Modelle international »Cap and Trade«-Systeme.

Das EU ETS galt am Anfang nur als zweitbeste Lösung. Eigentlich wollte die EU-Kommission Anfang der 1990er-Jahre eine europaweite CO_2-Steuer einführen. Sie bekam aber von den Staaten nicht das Recht, eine Steuer zu erheben. Heute unterliegen EU-weit etwa 11 000 Unternehmen dem ETS, alle Stromerzeuger und Teile der Industrie, zum Beispiel Chemie-, Stahl- und Zementwerke. Sie machen etwa 45 Prozent der CO_2-Emissionen in der EU aus und bekommen Lizenzen für etwa zwei Milliarden Tonnen CO_2. Die übrigen Emissionen (der »Non-ETS-Bereich«) aus Gebäuden, Verkehr und Landwirtschaft, die über nationale Maßnahmen reduziert werden sollen, laufen im Gegensatz zum ETS aus dem Ruder. Allein Deutschland wird wegen der Überschreitungen in diesem Bereich ab 2021 jährlich Zertifikate für viele Millionen, eventuell sogar Milliarden Euro zukaufen müssen.

Doch auch im EU ETS läuft nicht alles rund. Es begann 2005 mit einer Probephase, in der die CO_2-Lizenzen kostenlos vergeben wurden. Die Staaten gaben mehr Lizenzen aus, als Emissionen entstanden – als das Ende 2006 bekannt wurde, brach der Preis pro Tonne von 30 auf neun Euro ein. Später fluteten Lizenzen aus Drittländern unter dem »Clean Development Mechanism« der UNO den Markt, und die Wirtschaftskrise nach 2008 führte zu weniger Nachfrage. Von diesem Überangebot und dem Glaubwürdigkeitsschock erholte sich der Preis lange nicht. Aus dieser Zeit stammt der Eindruck, das System funktioniere nicht.

Erst ab 2013 zog die EU die Zügel wieder an: Der Deckel sank jährlich um 1,7 Prozent, immer mehr Zertifikate müssen seither versteigert werden. Aus den Erlösen werden Klimaschutzmaßnahmen finanziert. Ab 2021 gelten nun nochmals strengere Regeln: Das Cap sinkt jedes Jahr um 2,2 Prozent, ungenutzte Lizenzen werden in einer Marktstabilitätsreserve gespeichert und verderben nicht mehr die Preise. Investoren kalkulieren, dass die EU es diesmal ernst meint und die Zertifikate bis 2030 deutlich knapper werden. Schon 2019 kletterte der Preis für die Tonne CO_2 auf 28 Euro.

Wichtig ist: Das EU ETS regelt nicht den Preis, sondern die Menge des CO_2. Damit erreicht es punktgenau seine Klimaziele. Es brachte aber nicht einen verlässlich steigenden Preis für CO_2, der Unternehmen zu mehr Effizienz und sauberen langfristigen Investitionen veranlasst hätte. Der schlechte Ruf des Emissionshandels rührt also nicht daher, wie er konstruiert ist, sondern wie er geschwächt wurde.

Nach der Reform des EU ETS werden nun für die Jahre bis 2030 CO_2-Preise von 30 Euro und mehr erwartet. Um die bisherigen Klimaziele der EU (minus 40 Prozent bis 2030) zu erreichen, müsste das Cap laut Umweltbundesamt allerdings noch schneller sinken, um 2,6 Prozent pro Jahr, nicht nur um 2,2 Prozent. Und die nächste Verschärfung steht eigentlich schon an: Die neue Präsidentin der EU-Kommission, Ursula von der Leyen, hat im Juni 2019 vor dem EU-Parlament betont, sie wolle das 2030er-Klimaziel mindestens auf minus 50 Prozent verschärfen. Das wäre eigentlich nur über das EU ETS zu erreichen.

Anhänger des Emissionshandels loben, er setze das Prinzip »Der Verschmutzer zahlt« um. Gegner kritisieren, er segne die Umweltverschmutzung praktisch ab, weil CO_2-Ausstoß damit zu kaufen sei. Tatsächlich haben Energiekonzerne zwischen 2008 und 2012 zwischen 23 und 63 Milliarden Euro mehr verdient, indem sie überhöhte Preise mit dem EU ETS begründeten. Und immer noch gibt es für viele Firmen freie Zuteilungen, weil sie – angeblich oder tatsächlich – im internationalen Wettbewerb stehen.

Allen Kritikpunkten zum Trotz ist das EU ETS ein Exportprodukt: So handeln etwa zwanzig US-Bundesstaaten und kanadische Provinzen in ähnlichen Systemen, China plant ab 2020 solche Regeln. Auch in Japan, Neuseeland, Südkorea und der Schweiz gibt es ähnliche Märkte.

Fazit: Der Europäische Emissionshandel ist besser als sein Ruf. Nach zwölf Jahren voller Anlaufprobleme und politischer Fesselung ist er zum wichtigsten europäischen Instrument für den Klimaschutz geworden, der ab 2021 durch stark steigende Preise die Wirtschaft unter Druck für mehr Innovation und saubere Technik setzt.

21

Wie soll ein CO$_2$-Preis dem Klimaschutz helfen?

Die Idee ist alt und logisch: Wer einen Schaden anrichtet, soll ihn wiedergutmachen. Das sogenannte Verursacherprinzip im Umweltrecht drängt sich auch beim Klimaschutz auf: Wer CO$_2$ verursacht, soll für die Schäden bezahlen, die der Klimawandel verursacht. Und der ist teuer: Insgesamt, so schätzt das Umweltbundesamt, richtet eine Tonne CO$_2$ einen volkswirtschaftlichen Schaden von 180 Euro an.

Die Protestbewegung »Fridays for Future« und andere Aktivistinnen und Aktivisten fordern deshalb, dass jede Tonne CO$_2$ in Deutschland auch 180 Euro kosten solle. Das wäre ein riesiger Schritt mit großen ökonomischen Auswirkungen für den Verkehr, das Heizen von Gebäuden oder den Betrieb von Industrieanlagen. Bislang gibt es in Deutschland einen direkten Preis für Kohlendioxid nur für die Kraftwerke und Betriebe, die dem EU-Emissionshandel unterliegen. Der Preis dort schwankt, 2019 lag er bei etwa 28 Euro.

Andere Belastungen auf den Ausstoß von CO$_2$ gab es in Deutschland lange nur in indirekter Form: Ein Teil der Kfz-Steuer richtet sich nach dem CO$_2$-Ausstoß, und die Steuern auf Gas, Benzin und Diesel werden auch damit gerechtfertigt, dass der Staat sie für ökologische Zwecke einsetzt. Die Ökosteuer, die 2000 eingerichtet wurde, belastet ebenfalls den Verbrauch von Energie, um die Sozialkassen zu entlasten.

Ab 2021 soll es in Deutschland nun einen CO$_2$-Preis für jeden Verbrauch von fossilen Rohstoffen geben. Mit dem »Klimaschutzprogramm 2030«, das die Bundesregierung im

September 2019 beschlossen hat, wird damit zum ersten Mal auch das CO_2 aus dem Verkehr und beim Heizen belastet. Die Große Koalition hat beschlossen, ein gemischtes System aus Emissionshandel und Steuer einzuführen – eine Konstruktion, die verfassungsrechtliche Probleme aufwerfen könnte. Nach der geplanten Regelung müssen ab 2021 alle Firmen, die fossile Brennstoffe verkaufen, für jede Tonne CO_2 aus diesen Rohstoffen Zertifikate erwerben. Von zehn Euro die Tonne steigt der Preis bis auf 35 Euro im Jahr 2025. Ab 2026 sollen die Zertifikate mit einem Höchst- und einem Mindestpreis gehandelt werden. 2030 soll dieser deutsche Handel mit CO_2-Lizenzen mit dem EU-Emissionshandel verschmelzen.

Ein CO_2-Preis hat als Ziel, den Schadstoff zu verringern. Gleichzeitig bringt er dem Staat Einnahmen. Grundsätzlich sind dafür zwei Wege vorstellbar: eine Steuer oder ein Emissionshandel. Während die Steuer den Preis pro Tonne CO_2 festlegt und die CO_2-Reduktion offenbleibt, setzt der Emissionshandel umgekehrt an: Er legt eine Obergrenze für die jährlichen Zertifikate fest, dann bildet sich am Markt ein Preis.

Um »mit Steuern zu steuern« gibt es allerdings bei Umweltabgaben ein Problem: Je wirksamer eine Ökosteuer wird, desto weniger Geld nimmt sie ein. Denn wenn das unerwünschte Verhalten nachlässt (etwa der CO_2-Ausstoß), sinken auch die Einnahmen des Staates. Wenn er damit etwa soziale Leistungen finanziert, sinkt sein Handlungsspielraum.

Dieser Preis ist ein politischer Balanceakt. Einerseits sind viele Menschen darauf angewiesen, mit dem Auto zur Arbeit zu fahren oder sich im Winter mit einer alten Ölheizung zu wärmen. Andererseits muss eine solche Abgabe aber eine gewisse Höhe haben, um eine Lenkungswirkung entfalten zu können: Erst bei einem spürbaren Preis und der glaubwürdigen Aussicht, dass der Preis für die nächsten Jahre immer weiter steigen wird, ändern Konsumenten und Investoren ihr Verhalten, kaufen etwa ein E-Auto oder investieren in effizientere Maschinen.

In Ländern wie Schweden, die schon lange einen relativ hohen CO_2-Preis haben, funktioniert das recht gut. Bei der Entscheidung der deutschen Regierung, den Preis mit zehn Euro pro Tonne am Beginn sehr niedrig anzusetzen, ist das fraglich. Der Preis bedeutet, dass etwa ein Liter Benzin um drei Cent teurer wird, das ist nicht mehr als die normalen Schwankungen an der Tankstelle. Das Verhalten der Kunden ändert man damit wohl kaum.

Anders als andere Länder hat sich Deutschland gegen eine sogenannte Klimaprämie entschieden. In diesem Modell zahlt der Staat das Geld aus der CO_2-Bepreisung wieder an die Menschen zurück: Es profitiert, wer Energie spart, und es muss mehr zahlen, wer viel verbraucht. Allerdings ist die Bürokratie dafür relativ aufwendig, monieren Kritiker. Auch in der deutschen Regelung gibt es folglich nur indirekte Erleichterungen: Der Strompreis wird ein wenig gesenkt, Bahntickets werden mit dem niedrigeren Steuersatz belegt, die Pendlerpauschale wird erhöht. Wie sozial diese Regeln sind, ist umstritten. Nach einer Rechnung des Thinktanks Agora Verkehrswende entlastet die Neuregelung der Pendlerpauschale reichere Haushalte deutlich mehr als ärmere.

Fazit: Ein CO_2-Preis hilft dem Klimaschutz, wenn er den Verbrauch von fossilen Brennstoffen schrittweise so verteuert, dass Kunden und Investoren auf CO_2-freie Alternativen ausweichen. Dafür muss der Preis hoch genug sein, um ein Umlenken anzureizen, und niedrig genug, um von der Bevölkerung akzeptiert zu werden.

An einer Welt ohne CO_2-Ausstoß klebt ein riesiges Preisschild: Um das 2-Grad-Limit zu halten, sind nach einer Studie von 2014 jährlich 1200 Milliarden Dollar an Investitionen nötig, 800 Milliarden mehr, als bislang in Projekte für Ökoenergien fließen. Das Geld müsse bis 2050 regelmäßig vor allem in den Aufbau von erneuerbaren Energien in Asien, Lateinamerika und Afrika fließen, hat das Forschungsinstitut IIASA errechnet.

Andere Studien sehen ähnliche Größenordnungen: Bereits 2006 fand der britische Ökonom Lord Nicholas Stern in einer Studie für seine Regierung, weltweit müsste etwa ein Prozent des Sozialprodukts eingesetzt werden, um das 2-Grad-Limit zu erreichen. Das wären für 2018 etwa 850 Milliarden Dollar.

Im 5. IPCC-Bericht von 2014 haben sich die Wissenschaftler ebenfalls mit der Kostenfrage beschäftigt. Ihr Ergebnis: Die Investitionen zur Erreichung des 2-Grad-Ziels und für einen Wandel weg von Kohle, Öl und Gas kosteten bei günstigen Rahmenbedingungen vom jährlichen globalen Wirtschaftswachstum von 1,6 bis drei Prozent nur rund 0,06 Prozent bis zum Jahr 2030. »Es kostet nicht die Welt, den Planeten zu retten«, kommentierte der Klimaökonom und IPCC-Leitautor Ottmar Edenhofer.

Auch andere Studien kommen auf hohe Ausgaben, die sich aber schnell relativieren. So errechnete die OECD 2017, dass sich mit einem Aufschlag von 0,6 Billionen Dollar auf die insgesamt 6,3 Billionen, die bis 2030 ohnehin in die Infrastruktur investiert würden, die Klimaziele erreichen ließen. Und damit würde das Wirtschaftswachstum sogar höher ausfallen als ohne Klimaschutz.

Für Deutschland hat der BDI 2018 in einer Studie errechnen lassen, dass eine Verringerung der CO_2-Emissionen bis 2050 um 80 Prozent »mit einer schwarzen Null«, also leichten Gewinnen, zu machen sei. Die Mehrkosten für die Volkswirtschaft lägen bei 15 Milliarden Euro jährlich. Das ehrgeizigere Ziel von minus 95 Prozent sei zwar auch machbar, aber nur, wenn international die wichtigsten Länder mitzögen. Das koste dann etwa 30 Milliarden im Jahr. Zum Vergleich: In ihrem »Klimaschutzprogramm 2030« vom September 2019 plant die Bundesregierung bis 2030 staatliche Ausgaben von etwa durchschnittlich 13 Milliarden Euro pro Jahr.

Bislang kostet die deutsche Energiewende etwa 25 Milliarden Euro im Jahr – Geld, das nicht vom Staat, sondern von den Stromkunden über das Erneuerbare-Energien-Gesetz (EEG) aufgebracht wird. Insgesamt rechnet die Bundesregierung damit, dass bis zur Mitte des Jahrhunderts 550 Milliarden Euro für den Abschied von Atom, Kohle, Öl und Gas investiert werden müssen.

Damit einem bei diesen vielen Milliarden Dollar und Euro nicht schwindelig wird, sollte man einige Dinge beachten. Erstens sind die meisten dieser Ausgaben keine reinen Kosten, sondern Investitionen. Für das Geld bekommen wir ein CO_2-freies Energiesystem – bessere Netze, andere Mobilität, Gebäude, die Geld und Energie sparen, etc. –, also ein Energiesystem, das langfristig effizienter und billiger ist.

Zweitens schlagen viele Experten vor, einen Teil der Kosten dadurch aufzubringen, dass staatliche Subventionen für fossile Brennstoffe abgebaut werden. Weltweit sind das nach Zahlen des Weltwährungsfonds (IWF) immer noch etwa 500 Milliarden Dollar an direkten Investitionen, in Deutschland etwa sieben Milliarden Euro.

Dann wiederum schaffen diese Ausgaben, wie andere Investitionen auch, Arbeitsplätze und Wohlstand. Die »Global Commission on the Economy and Climate«, eine internationale Expertengruppe zu den ökonomischen Auswirkungen der Klimapolitik, fand in ihrem Report 2018, dass entschlossenes Handeln beim Klimaschutz bis 2030 insgesamt 26 Billionen Dollar an wirtschaftlichem Nutzen erzeugen, weltweit 65 Millionen neue Jobs schaffen und 700 000 vorzeitige Todesfälle durch schlechte Luft vermeiden könne. Regierungen könnten demnach auf 2,8 Billionen Dollar zusätzliche Einnahmen hoffen.

Wichtig zu bedenken ist auch, dass fossile und nichtfossile Systeme ihren Aufwand und ihren Ertrag völlig unterschiedlich verteilen: Fossile Brennstoffe sind mit hohen Anfangsinvestitionen schnell zu heben und zu Geld zu machen – den Gewinn hat man sehr schnell. Die hohen Kosten für die Abfälle und die Schäden beim Klima und in der Umwelt (der Bergbau etwa spricht von »Ewigkeitskosten«) tragen andere Regionen und kommende Generationen. Bei den Erneuerbaren ist das umgekehrt: Hier trägt die erste Generation die hohen Kosten für Forschung, Errichtung und Durchsetzung eines Null-Emissions-Systems. Die Früchte – günstige Energie, niedrige Aufwendungen, um Schäden zu beseitigen, eine intakte Umwelt – ernten die folgenden Generationen.

Und schließlich muss man bei den Kosten des Klimaschutzes auch bedenken, was es kosten würde, keinen Klimaschutz zu betreiben. Da stimmen die meisten Ökonomen überein: Ungebremster Klimawandel wäre ein riesiges Verlustgeschäft für alle. Für Lord Nicholas Stern stehen die Kosten des Handelns (ein Prozent der weltweiten Wirtschaftsleistung) dem immensen Risiko gegenüber, infolge von Klimaschäden etwa fünf bis 20 Prozent des globalen Wirtschaftsprodukts zu verlieren.

Fazit: Effektiver Klimaschutz erfordert hohe Investitionen in neue Techniken und Energieformen. Viele Studien sehen aber die mittel- und langfristigen wirtschaftlichen Folgen deutlich positiv. Im Vergleich zu einer ungezügelten Klimakrise ist Klimaschutz wahrscheinlich sogar das bestmögliche Geschäft.

23

Ist Klimaschutz ein Luxus für Reiche?

Im Herbst 2018 brannten in Frankreich die Barrikaden: Die Protestbewegung der »Gelbwesten« wehrte sich gegen die Erhöhung der Ökosteuern auf Diesel und Benzin. »Ihr redet vom Ende der Welt, wir vom Ende des Monats«, war ein Vorwurf an die Regierung unter Präsident Emmanuel Macron, die die Maßnahmen schließlich zurücknahm. Weltweit wurde debattiert: Sind Umwelt- und Klimapolitik gerecht, wenn sie vor allem die unteren und mittleren Einkommen belasten?

Bei näherer Betrachtung taugen die Gelbwesten-Proteste wenig für eine Gesamtabrechnung. Denn die Regierung hatte den Zorn der Leute unabhängig von der Ökosteuer geschürt, indem sie die Reichen durch eine Steuerreform entlastet hatte, das Aufkommen aus den höheren Preisen nicht für Ökomaßnahmen eingeplant hatte und dann noch das Pech hatte, dass auf dem Weltmarkt der Ölpreis stieg. Aber die grundsätzliche Frage bleibt: Ist der Klimaschutz unsozial, wenn er auch von den Armen Opfer fordert?

In der Tat kann Klimaschutz bestehende soziale Schieflagen verschärfen. Höhere Preise für Benzin, Fleisch oder Flugtickets spüren ärmere Verbraucher härter als reichere. Wenn Kraftwerke geschlossen werden, gehen sichere Jobs verloren, Regionen wie die Lausitz stehen vor Strukturumbrüchen. Von den Einnahmen aus Wind- und Solarkraft, die von allen Stromkunden über das Erneuerbare-Energien-Gesetz (EEG) finanziert werden, profitieren Investoren, also Firmen oder Menschen, die genug Geld haben, um es in Ökoenergie zu investieren.

Die Nachteile, etwa einen Windpark vor dem eigenen Haus, hat dagegen überwiegend die Landbevölkerung.

Dabei tragen ärmere und ländliche Haushalte am wenigsten zum Problem bei. Studien zeigen: Den größten Verbrauch an Energie und anderen Rohstoffen haben die Angehörigen der urbanen Ober- und oberen Mittelschicht. Wer arm ist, fliegt nicht dreimal im Jahr in den Urlaub.

Dieses Dilemma aufzulösen ist Ziel der Politik. Klimaschutz müsse »sozial abgefedert« werden, sagen alle verantwortlichen Politiker. Das kann heißen, direkte oder indirekte Zuschüsse wie das Wohngeld oder die Pendlerpauschale zu erhöhen, die Stromsteuer zu senken, Subventionen etwa für neue Heizungen oder E-Mobile anzubieten. Gerade in ärmeren Haushalten können aber auch Beratungen zum Energiesparen, neue effiziente Geräte oder verändertes Verhalten viel bewirken, wie Untersuchungen zeigen. Wer allerdings Energieverbrauch mit Steuergeld subventioniert, kann Energiesparen konterkarieren. Wer Pendler bezuschusst, unterstützt eine Städteplanung, die auf weite Entfernungen setzt und nicht nachhaltig ist.

Umwelt- und Klimapolitik können nicht allein für eine gerechtere Gesellschaft sorgen. Wir müssen uns ganz grundsätzlich fragen: Wie viel Ungleichheit lassen wir zu? Oder etwas konkreter: Gibt es ein Menschenrecht auf billiges Fleisch oder den Urlaubsflug?

Global betrachtet ist die Antwort einfach: Nein. Bislang nutzen nur etwa 20 Prozent der Weltbevölkerung das Flugzeug, nämlich die Mittel- und Oberschichten. Unter dem Klimawandel leiden aber zuerst und am heftigsten die Armen in den armen Ländern. Das belegen unzählige Studien von Entwicklungsorganisationen, der UNO oder der Weltbank. Um eine Art von Klimagerechtigkeit herzustellen, fließen gewaltige Summen rund um den Globus. Ab 2020 wollen die Industrieländer jedes Jahr 100 Milliarden Dollar aufbringen, um den Kampf gegen den Klimawandel im globalen Süden zu unterstützen.

Die Hilfe ist vielfältig: Von der klassischen Entwicklungszusammenarbeit über Investitionen in erneuerbare Energien, besseren Schutz gegen Dürren und Fluten bis hin zu Hilfen bei Hungersnöten oder Förderungen einer besseren Landwirtschaft. Reiche Länder stellen teilweise ihre Technologien und ihre Verwaltungserfahrung zur Verfügung, um bessere Strukturen in den Schwellen- und Entwicklungsländern aufzubauen. Sie entwickeln neue Technologien und zahlen die »Lernkurven«, bis die Produkte ausgereift und konkurrenzfähig dem Weltmarkt zur Verfügung stehen – wie mit der Fotovoltaik und der Windkraft, denen Deutschland und China zum Durchbruch verholfen haben.

So vielfältig diese Hilfen auch sind, sie reichen bei Weitem nicht aus. Das Umweltprogramm der Vereinten Nationen (UNEP) selbst schätzt, dass jährlich 1,5 Billionen Dollar an Investitionen in Klimatechnik und Anpassung fließen müssten. Allein für die Anpassung, etwa an höhere Meeresspiegel, mehr Niederschläge und Dürren, könnten schon bis 2030 jährlich etwa 300 Milliarden Dollar Kosten anfallen.

Fazit: Klimaschutz ist kein Luxus, sondern eine Notwendigkeit, die aber Arme proportional mehr belasten kann als Reiche, wenn einfach nur die Preise erhöht werden. Deshalb müssen Preise und Steuern so gestaltet werden, dass höhere Emissionen und höhere Einkommen mehr belastet werden. Ein gerechter Übergang zu einer postfossilen Welt muss durch Sozial- und Steuerpolitik dafür sorgen, dass solche Härten vermieden werden, und global für eine gerechte Verteilung der Lasten aus dem Klimaschutz eintreten.

24

Kann Deutschland mit seiner Energiewende das Klima retten?

Die Argumente hört man oft, und sie klingen plausibel: Global gesehen trage Deutschland kaum etwas zum Klimawandel bei. Selbst wenn wir wollten, seien alle unsere Anstrengungen, CO_2 zu reduzieren, sinnlos angesichts wirklich großer Verschmutzer wie China oder den USA. Für das Weltklima spiele es kaum eine Rolle, ob in Deutschland Kohle verfeuert wird.

Aber diese Argumente haben ihre Schwächen.

Zunächst übersehen sie, dass viele kleine Beiträge (von Einzelstaaten) sich zu großen Summen addieren. Jeder einzelne Akteur kann behaupten, er sei unwichtig – wenn alle so argumentieren, ist niemand verantwortlich, das Problem aber immer noch da. Nach dieser Logik müsste auch niemand zur Wahl gehen, weil seine oder ihre Stimme ja kaum ins Gewicht fällt.

Auch die Zahlen haben ihre eigene Deutung: Deutschland stellt etwa ein Prozent der Weltbevölkerung, aber zwei Prozent der globalen Emissionen. Blickt man auf die historischen Emissionen, sieht man, dass aus Deutschland über die Jahrzehnte knapp vier Prozent der weltweiten CO_2-Emissionen kamen. Auch wir haben für unseren Wohlstand einen größeren Teil der Atmosphäre als kostenloses Endlager benutzt, als uns zusteht.

Geht man weiter davon aus, dass theoretisch jeder Bewohner der Erde das gleiche Recht auf CO_2-Emissionen hat, wird es für die Deutschen noch schwieriger. Weltweit gelten etwa zwei Tonnen CO_2 pro Kopf und Jahr als verträglich, wenn wir den Klimawandel einhegen wollen. In Deutschland liegt unser Ausstoß derzeit bei etwa neun Tonnen. Dazu kommt: Unser Land hat sich durch die Ratifizierung des Pariser Abkommens völkerrechtlich dazu verpflichtet, am Ziel mitzuarbeiten, den Temperaturanstieg auf »deutlich unter 2 Grad Celsius« bis 2100 zu halten. Dafür müssen alle CO_2-Emissionen »in der zweiten Hälfte« des Jahrhunderts auf null sein, wenn sie nicht (etwa durch Baumpflanzungen) ausgeglichen werden. Allgemein gilt es als gerecht, dass die Industriestaaten, die bisher etwa zwei Drittel aller weltweiten Emissionen verursacht haben, früher bei netto null sein müssen, und zwar noch vor 2050.

Deutschland ist also völkerrechtlich, politisch und moralisch verpflichtet, seinen Anteil zu tragen. Rechnet man auch noch dazu, wer sich den Klimaschutz ökonomisch leisten kann (etwa über das Pro-Kopf-Einkommen) und welche wirtschaftlichen Vorteile eine ehrgeizige Klimapolitik für eine Exportnation mittelfristig hat, wird aus der reinen Verpflichtung ein eindeutiges Interesse der viertgrößten Wirtschaftsmacht der Erde.

Die Bundesrepublik Deutschland hat diese Verpflichtung mit übergroßer Mehrheit der Bevölkerung auch angenommen. Alle Bundesregierungen haben sich zu den Klimazielen bekannt, selbst CO_2 zu reduzieren und anderen auf diesem Weg zu helfen. Deutschland ist absolut und pro Kopf eines der wichtigsten Geberländer für die Finanzierung von Klimaschutz über die UN-Gremien, über die staatseigene KfW-Bank, über die deutsche Entwicklungspolitik oder im Rahmen der EU.

Lange hat Deutschland auch der Welt ein Vorbild gegeben durch die ausgerufene »Energiewende«. Mit Investitionen von jährlich etwa 20 Milliarden Euro hat Deutschland seit knapp zwanzig Jahren seinen Anteil von Ökostrom im Netz auf 40 Prozent gesteigert. Diese Subventionierung der grünen

Energien hat zu einem Boom geführt, der weltweit die Preise für Solar- und Windanlagen so weit gesenkt hat, dass diese praktisch emissionsfreien Energien heute fast überall auf der Welt wettbewerbsfähig werden. Auch wenn die Fertigung der Anlagen aus Deutschland in Billiglohnländer wie China verschwunden ist, machen deutsche Firmen immer noch durch Planung und Zulieferungen für die Industrie weltweit gute Geschäfte. Das System der garantierten Preise von Ökostrom im EEG ist weltweit in etwa 100 Ländern übernommen worden.

Auch von den deutschen Erfahrungen können die anderen Länder lernen: Eine Energiewende, die zwar Ökostrom aufbaut, aber nicht die CO_2-intensiven Energieträger reduziert, ist nicht glaubwürdig. Andererseits kann die konsensorientierte Kohlekommission für andere Regionen vielleicht ein Vorbild für den Umbau der Wirtschaft werden.

Fazit: Deutschland trägt heute nur in kleinem Umfang zu den globalen CO_2-Emissionen bei, ist aber rechtlich, politisch, ökonomisch und moralisch verpflichtet, beim Klimaschutz voranzugehen. Die Energiewende ist trotz aller Schwierigkeiten weltweit ein Beispiel für den ernsthaften Versuch, eine Volkswirtschaft von den fossilen Energien zu lösen.

25

Wer geht voran, wenn die UNO und ihre Mitgliedsländer versagen?

Bei der Klimakonferenz von Bonn 2017 war die offizielle Delegation der USA praktisch unsichtbar. Ein Jahr nach der Wahl des Klimaskeptikers Donald Trump dominierte dagegen die US-Initiative »We Are Still In« (»Wir sind noch dabei«) das Bild – Unternehmen, Städte, US-Bundesstaaten oder Universitäten, die im Gegensatz zur US-Regierung sagten: »Wir halten uns an das Pariser Klimaabkommen.«

Dazu muss man wissen: Bei den UN-Klimaverhandlungen entscheiden die Regierungen von Nationalstaaten. Oder eben auch nicht. Die mehr oder weniger demokratisch gewählten Regierungen vertreten ihr Land, haben aber oft kaum direkten Einfluss darauf, ob Kraftwerke ihr CO_2 drosseln, ob Ökoenergien aufgebaut werden oder Menschen ein E-Auto kaufen oder ihre Häuser dämmen. Die oft vergessenen Akteure im Klimaschutz sind deshalb häufig Unternehmen, Kommunen, Städte, Forschungsstellen, Kirchengemeinden oder private Haushalte. Wer die Klimakrise ernsthaft bekämpfen will, muss dort ansetzen. Benjamin Barber, Professor für Zivilgesellschaft der University of Maryland, bringt es auf den Punkt: »Wenn Bürgermeister die Welt regieren, wären viele globale Probleme längst gelöst.«

Das hat die UNO nach dem gescheiterten Klimagipfel von Kopenhagen 2009 begriffen. Seitdem sind besagte »non-state actors«, wie sie im UN-Jargon heißen, in den Fokus der Klimaschützer gerückt. Je weniger von den gewählten Volksvertretern an der Spitze der UN-Staaten bezüglich des Klimaschutzes zu erwarten war, desto wichtiger wurde der Klimaschutz von unten. An der Initiative »We Are Still In« sind inzwischen zehn US-Staaten, 287 Städte, 350 Universitäten, 44 religiöse Gruppen und über 2000 Unternehmen beteiligt, und ihr Selbstvertrauen ist groß: »Wir repräsentieren 155 Millionen Menschen, mehr als die Hälfte der Amerikaner, und mit 9,75 Billionen Dollar Sozialprodukt nach den USA und China die drittstärkste Wirtschaftskraft der Welt«, verkündet die Homepage. Im günstigsten Fall, heißt es, könnte die Koalition sogar noch das US-Klimaziel für 2025 erreichen – ohne und gegen die Trump-Regierung, die Umweltstandards senkt.

Weltweit und über alle Branchen hinweg arbeiten Menschen gegen die Klimakrise an. So haben sich etwa 1000 große Unternehmen mit fast 20 Billionen Dollar Marktwert zur Koalition »We Mean Business« zusammengetan, um Druck für mehr Klimaschutz zu machen. Das Städtebündnis ICLEI hat etwa 9000 Städte und Gemeinden zum »Globalen Bündnis der Bürgermeister für Energie und Klima« zusammengerufen. Sie sprechen darüber, wie Städte – immerhin die Heimat von über der Hälfte der Weltbevölkerung und Quelle von 70 Prozent aller Treibhausgase – ihren ökologischen Fußabdruck verringern können. Sie arbeiten daran, den Nahverkehr, das Abwasser, den Müll, die Finanzanlagen oder die öffentliche Beschaffung grüner zu machen und sich gegen die Folgen des Klimawandels abzusichern.

Immer lauter werden die Rufe auch aus der Finanzwirtschaft, das Crash-Risiko Klimawandel ernst zu nehmen. Der Milliardär Michael Bloomberg und Mark Carney, der Präsident der Bank of England, warnen im Financial Stability Board (FSB) der G20 vor den finanziellen Risiken für Unternehmen und Volkswirtschaften, die zu lange auf Kohlenstoff setzen. Auch die großen Versicherungskonzerne schlagen Alarm und rechnen Klimarisiken in ihre Bilanzen ein.

Städte, Bundesstaaten oder Regionen sind oft viel beweglicher als große Einheiten. Der US-Bundesstaat Kalifornien, immerhin die sechstgrößte Volkswirtschaft der Welt, will bis 2045 klimaneutral wirtschaften, ebenso wie Schweden und Dänemark (2040), die ehrgeiziger sind als die Gesamt-EU. Unternehmen wie Unilever oder Bosch setzen sich hohe Klimaziele, der Autobauer VW verspricht, ab 2020 sein neues E-Auto »ID« auf den Markt zu bringen, das perspektivisch bei Herstellung, Betrieb und Recycling null Emissionen haben soll.

Bei vielen dieser Ankündigungen ist ein scharfer Blick nötig, wie viel »Greenwashing« für ein gutes Image stattfindet oder wo ein echter Umbau im Gange ist. Fortschritte gibt es vor allem, wo bereits durch Diskussionen in der Vergangenheit vorgearbeitet wurde: Städte und Gemeinden, die im Rahmen des »Agenda 21«-Prozesses schon einmal überlegt haben, wie ein anderer Verkehr, eine andere öffentliche Beschaffung, mehr Ökostrom und eine Geldanlage nach nachhaltigen Kriterien aussehen können, knüpfen nun an diese Erfahrungen an.

Ganz wesentlich für all das ist die Arbeit, die Wissenschaft und Forschung leisten. »Die Klimadebatte in Deutschland basiert auf der Arbeit, die die Wissenschaft seit 40 Jahren leistet«, sagt beispielsweise Dirk Messner, der Präsident des Umweltbundesamts. »Das können sich alle Forscherinnen und Forscher wirklich auf die Fahnen schreiben. Sie haben dazu beigetragen, dass ein großer Teil der Bevölkerung und manches Unternehmen begriffen haben, dass es so nicht weitergeht.«

Nicht zuletzt sind auch Religionsgemeinschaften ein wichtiger Treiber für Klima- und Umweltschutz. Weltweit gibt es eine Bewegung zur »Bewahrung der Schöpfung« in allen großen Weltreligionen. Vor dem Gipfel von Paris haben sich muslimische Gelehrte für den Klimaschutz starkgemacht, der

Weltkirchenrat des Christentums mahnt schon seit Jahrzehnten zu mehr »Frieden, Gerechtigkeit, Bewahrung der Schöpfung«. Das Rundschreiben *Laudato si'* von Papst Franziskus hat im politischen und gesellschaftlichen Bereich, nicht nur in katholischen Kreisen, ein Umdenken angestoßen. Kirchliche Entwicklungsorganisationen wie »Brot für die Welt« oder Misereor gehören zu den lautstarken Verfechtern von (mehr) Klimagerechtigkeit.

Fazit: Die wirkliche Arbeit am Klimaschutz findet lokal statt, weltweit arbeiten Millionen von Aktiven, Politikern, Unternehmern und Forschern daran. Die Zivilgesellschaft kann die Aktion von Nationalstaaten nicht ersetzen, aber vorantreiben.

26

Welches sind die größten Klimasünder?

Auf die »Schuldfrage« im Klimawandel gibt es viele Antworten und viele verschiedene Perspektiven. Das Land mit dem aktuell größten Ausstoß von klimaschädlichen Gasen aus der Verbrennung von Kohle, Öl und Gas ist seit 2006 China. Im Jahr 2017 pumpten die Kraftwerke, Fabriken und Autos im Reich der Mitte nach den Daten des Global Carbon Project fast zehn Milliarden Tonnen CO_2 in die Luft. Auf Platz zwei folgen die USA mit 5,2 Milliarden, dann Indien (2,5 Mrd.), Russland (1,7 Mrd.) Japan (1,2 Mrd.) und Deutschland (800 Mio.). Brasilien und Indonesien kommen (weil sie den Regenwald abbrennen) jeweils auf etwa 1,6 Milliarden Tonnen. Rechnet man die EU als Block, steht sie mit knapp vier Milliarden Tonnen auf Platz drei.

Man kann aber auch anders rechnen: Da CO_2 sich über ein Jahrhundert in der Atmosphäre anreichert und die Erwärmung treibt, sind auch die historischen Emissionen wichtig. Hier liegen die USA vorn – seit der Industrialisierung haben sie fast die Hälfte des weltweit emittierten CO_2 verursacht. Westeuropa ist für ein Viertel aller Klimagase verantwortlich, es folgen China, Japan und Indien. China hat schnell aufgeholt und wird voraussichtlich bis zur Mitte des 21. Jahrhunderts auch bei den historischen Emissionen Weltspitze sein.

Wieder andere Experten schauen auf den Pro-Kopf-Beitrag zum Klimawandel. Dann stehen Länder an der Spitze, die geringe Bevölkerungszahlen und einen hohen fossilen Energieverbrauch haben: Katar mit 30 Tonnen, Kuwait, Bahrain,

Vereinigte Arabische Emirate, Saudi-Arabien. Die USA sind mit 15 Tonnen pro Kopf auf Platz zehn. Weltweiter Durchschnitt sind fünf Tonnen. China, das bei Klimagesprächen gern auf Millionen von armen Menschen verweist, hat bei den Pro-Kopf-Emissionen für 2017 mit 7,7 Tonnen pro Kopf bereits den EU-Schnitt von sieben Tonnen überholt. Indien dagegen, absolut ein großer Klimasünder, liegt wegen seiner teilweise bitterarmen Bevölkerung ohne Zugang zu Strom oder fossilen Brennstoffen mit 1,5 Tonnen auf Platz 104 – wogegen die Umweltvorreiter in Norwegen mit fast sieben Tonnen zu Buche stehen.

Statistiken haben allerdings ihre eigenen Fallen. So rechnen die nationalen Inventare bei den Emissionen einem Land alles zu, was auf seinem Territorium ausgestoßen wird. Ob dieses Land etwa als großes Exportland wie China oder Deutschland energieintensive Waren für andere Länder herstellt, wird nicht gesondert erfasst. Diese »grauen Emissionen« machen in China etwa ein Drittel der Klimaschuld aus. Und die Emissionen der internationalen Fliegerei und Schifffahrt wurden lange gar keinem Land zugerechnet.

Fraglich ist auch, ob nationalstaatliche Ansätze heute noch treffend sind. Denn für mehr als die Hälfte allen CO_2-Ausstoßes seit Beginn der industriellen Revolution sind nach einer Studie der Non-Profit-Organisation Carbon Disclosure Project nur 100 weltweite Konzerne verantwortlich, die zum Teil in staatlicher Hand sind: China Coal führt die Liste an, gefolgt von Saudi Aramco, der russischen Gazprom und der National Iranian Oil Company. Auf Platz fünf steht der erste private Konzern: der US-Ölmulti ExxonMobil.

Schlüsselt man klimaschädliches Verhalten wiederum nach Bevölkerungsgruppen auf, so wird klar: Das Problem wird vor allem von der globalen Konsumentenklasse verursacht, die Auto fährt, Fleisch isst, Flugzeuge nutzt, ihre Wohnun-

gen heizt oder kühlt und Zugang zu Elektrizität hat. So verursachen die 1,2 Milliarden Menschen mit »hohem Einkommen« (nach Weltbank-Kriterien mehr als 12 055 Dollar im Jahr) 38 Prozent aller Emissionen, obwohl sie nur 16 Prozent der Weltbevölkerung ausmachen. Die drei Milliarden Menschen, die zu den »niedrigen« und »mittleren bis niedrigen« Einkommen gehören (weniger als 3895 Dollar jährlich), verursachen dagegen nur 14 Prozent aller Klimagase. Ganz Afrika etwa stellt nach diesen Zahlen 16 Prozent der Weltbevölkerung, verursacht aber nur vier Prozent der CO_2-Emissionen.

Fazit: Je nach Sichtweise sind die »größten Klimasünder« mal Staaten, mal Unternehmen, mal Bevölkerungsschichten. China stößt derzeit am meisten CO_2 aus, im geschichtlichen Kontext waren das die USA. Weltweit ist vor allem die etwa eine Milliarde Menschen mit Zugang zu Autos, Strom und Fleisch verantwortlich für den größten Teil der Emissionen – also auch ich und sehr wahrscheinlich auch Sie.

27

Wer leidet am meisten unter dem Klimawandel?

Ein Mensch pro Sekunde – das ist die grobe Faustregel der Vereinten Nationen für die Zahl neuer Umweltflüchtlinge. 26 Millionen Menschen verlieren im Durchschnitt jährlich ihre Heimat wegen Naturkatastrophen, meist durch Überflutungen oder Stürme. Im Jahr 2050, so schätzt die Internationale Organisation für Migration (IOM), werde es etwa 200 Millionen »Umweltflüchtlinge« geben: Menschen, die wegen Dürren, Wüstenbildung, Waldverlust, Überschwemmungen oder Ähnlichem ihre Heimat verlassen müssen. Viele von ihnen bleiben in ihren Ländern, und nicht alle Ursachen haben mit dem Klimawandel zu tun, aber die Zahlen zeigen die Dimension des Problems. Und sie deuten darauf hin: Am heftigsten leiden die Armen, weil sie am verwundbarsten sind.

Das bezieht sich auf den globalen wie den nationalen Vergleich. Bei den Hitzewellen in Europa in den Sommern 2018 und 2019 waren vor allem alte, kranke und sehr junge Menschen gefährdet, die sich nicht abkühlen konnten. Gegen steigende Meeresspiegel leisten sich die Niederlande ein Deichsystem mit Milliardenaufwand. Die Küstenbewohner von Bangladesch können sich Hightech gegen Stürme und steigenden Meeresspiegel kaum leisten. Wenn bei Kleinbauern in Afrika wegen einer Dürre die Ernte ausbleibt, fehlen ihnen Saatgut und Zugang zu Krediten. Vor allem materiell ärmere Bevölkerungen sind für Nahrung, Trinkwasser, Unterkunft oder Medizin direkt auf Naturräume wie Wälder angewiesen.

Leiden diese Ökosysteme, spüren das unmittelbar und zuerst die Menschen, die von ihnen leben.

In den meisten Fällen haben die »Entwicklungsländer« kaum etwas zum Problem des Klimawandels beigetragen. Ihre Einwohner haben bisher kaum von den Annehmlichkeiten einer fossil befeuerten Konsumentenwelt profitiert. Dennoch bekommen sie die Kehrseite dieser Medaille als Erste zu spüren. Das bekannteste Beispiel sind wohl Südseestaaten wie Kiribati, die gegen den steigenden Meeresspiegel kämpfen. Aber auch veränderte Niederschlagsmuster beim Monsun in Indien betreffen direkt das Leben von Millionen Menschen. Und wenn Indonesien seine Hauptstadt Jakarta von Java nach Borneo verlegt, wie im Sommer 2019 angekündigt, dann hat das auch mit dem steigenden Meeresspiegel zu tun.

Indirekt und mittelfristig sind auch die zentralen Pfeiler der nationalen und globalen Wirtschaft bedroht: Die Lieferketten für unsere Rohstoffe und Waren sind darauf angewiesen, dass Ernten gelingen, Transportwege befahrbar sind, Raffinerien und Industrieanlagen sicher arbeiten können. Eine umfassende Studie von zwölf US-Behörden warnte 2018, ein ungebremster Klimawandel könne bis 2100 in einigen Branchen zu »Verlusten von Hunderten von Milliarden Dollar jährlich« führen. Allein der steigende Meeresspiegel bedroht weltweit Städte und Industrieanlagen, die nach Schätzungen zwischen 20 und 200 Billionen Dollar wert sind.

Ganz konkret und bereits heute sei der Klimawandel »eine Bedrohung für die Entwicklung und den Kampf gegen die Armut«, warnt die Weltbank. »Ohne schnelles Handeln könnten dadurch bis 2030 etwa 100 Millionen Menschen zusätzlich in die Armut gestoßen werden.« Wie groß diese Bedrohung ist, zeigen auch die »nachhaltigen Entwicklungsziele« (Sustainable Development Goals), die die UN-Staaten 2015 mit großem Aufwand verabschiedet haben. Den Klimawandel zu bekämpfen ist zwar nur eines der 17 Ziele (Ziel Nr. 13), aber viele andere der ehrgeizigen Vorhaben sind zum Scheitern verurteilt, wenn Ziel Nr. 13 nicht erreicht wird: so etwa die Abschaffung von Hunger und Armut, eine sichere Wasserversorgung sowie der Erhalt der Meere und der Landökosysteme.

Fazit: Unter dem Klimawandel leiden zuerst die Armen und die armen Länder – alle, die direkt auf intakte Natursysteme angewiesen sind. Aber durch die weltweite Vernetzung sind auch die Ökonomien der Industriestaaten und das globale Finanzsystem durch eine ausufernde Klimakrise bedroht.

28

Wiederholen die Schwellenländer gerade die Fehler der Industriestaaten?

Im Jahr 2016 vermeldete das Mutterland der industriellen Revolution einen Erfolg: Die CO_2-Emissionen von Großbritannien waren auf den Stand von 1894 gesunken. Damit stand das britische Königreich an der Spitze einer Bewegung in den traditionellen Industriestaaten (wie die USA, Deutschland oder Frankreich), die ihre Emissionen zwar langsam, aber absolut senken. Bei den Schwellenländern sieht es allerdings ganz anders aus. China hat 2017 seinen CO_2-Ausstoß um fast fünf Prozent vergrößert, Indien um sechs Prozent, der Rest der Welt nach Zahlen des Global Carbon Project um 1,8 Prozent. Weltweit sind die CO_2-Emissionen nur zwischen 2013 und 2016 stabil geblieben, seitdem steigen sie wieder.

Tatsächlich folgen die schnell wachsenden Volkswirtschaften den Trends, die die Industrieländer vorgegeben haben. Mit fossil befeuertem Wirtschaftswachstum steigern sie Einkommen und Wohlstand, bekämpfen die Armut und bauen dringend benötigte Infrastruktur wie Krankenhäuser, Straßen, Häfen, Fabriken. Vor allem China war dabei erfolgreich: Die Zahl der Armen sank von über 700 Millionen in den 1980er-Jahren auf etwa 30 Millionen Menschen heute. Allerdings führen steigende Einkommen zu mehr Energieverbrauch und damit zu steigenden CO_2-Emissionen. Eine Statistik, die diesen Zusammenhang im 5. IPCC-Sachstandsbericht 2013/2014 belegte, war so brisant, dass die UN-Staaten sie in eine Fußnote verbannten.

Für ihre schnell wachsenden Bedürfnisse kopieren viele

Staaten die Erfolgsrezepte der OECD-Länder: Sie nutzen Kohle für Heizung und Stromerzeugung, bauen Straßen und Städte für benzingetriebene Autos um, subventionieren Energiepreise und intensivieren ihre Landwirtschaft. Sie zerstören riesige Waldflächen für die Extraktion von Holz und Rohstoffen und nutzen den Boden für Rinderzucht, den Anbau von Soja oder Palmöl, die in die reichen Länder exportiert werden. Bis auf wenige Ausnahmen folgen auch Schwellen- und Entwicklungsländer dem westlichen Konsummodell mit steigendem materiellen Reichtum und zunehmendem Verbrauch von Energie, Fleisch und Natur.

Es gibt allerdings auch Unterschiede.

Anders als um 1850 wissen wir, was CO_2 in der Atmosphäre anrichtet. Anders als um 1850 haben wir effiziente und emissionsfreie Techniken zur Verfügung. Getrieben von Problemen mit dreckiger Luft, in Staus steckenden Städten, steigendem Meeresspiegel, zunehmenden Stürmen, Dürren und Überflutungen, gehören gerade die Schwellenländer zu den größten Investoren in CO_2-freie Techniken. China führt die Welt bei der Installation von Wind- und Solaranlagen an und ist auch weltweit der größte Investor in Erneuerbare. Indien will bis 2030 insgesamt 500 Gigawatt grüner Energie hinzubauen, das entspricht der Kapazität von 500 Atomkraftwerken. Brasilien baut riesige Staudämme zur Nutzung von Wasserkraft (was allerdings andere ökologische Probleme mit sich bringt). Fortschritte sind unverkennbar, andererseits ist der Energiehunger in vielen dieser Länder so groß, dass der Neubau nur von Erneuerbaren nicht ausreicht, um ihn zu stillen.

Anders als um 1850 haben sich jedoch alle Länder im Pariser Abkommen 2015 dazu verpflichtet, den Pfad der fossilen Industrialisierung zu verlassen. Außerdem haben sie im gleichen Jahr den »Sustainable Development Goals« zugestimmt, den 17 Zielen für nachhaltige Entwicklung, die neben der

Bekämpfung von Krankheit, Hunger und Armut auch wirksamen Schutz für das Klima, die Meere, die Naturflächen und die Wälder versprechen.

Anders als um 1850 sind inzwischen auch praktisch alle Länder in die globale Marktwirtschaft integriert. Ein weltweiter Austausch von Technologien findet statt, aber über Lieferketten können auch Standards für Menschen- und Umweltschutz gesetzt werden. Nichtregierungsorganisationen und Stiftungen können großen Einfluss auf wirtschaftliche Praktiken ausüben: gegen Waldzerstörung für Palmöl oder Soja zum Beispiel, oder für bessere Löhne und Arbeitsbedingungen in Textilfabriken.

Fazit: Schwellen- und Entwicklungsländer kopieren für ihren Aufschwung die fossil befeuerte Entwicklung der Industriestaaten. Aber die globale Vernetzung bringt auch Chancen mit sich: Saubere Technik, internationale Verträge und Druck über Konsumentenketten bieten die Chance, nicht alle Fehler der Industriestaaten zu wiederholen.

29

Welche Sofortmaßnahmen gibt es gegen die Klimakrise?

Um die globalen Klimaziele zu erreichen, müssen die weltweiten Emissionen laut UN-Klimarat zwischen 2010 und 2030 um 45 Prozent sinken. Weil sie bislang aber weiter gestiegen sind, müssen sie nun von 2020 bis 2030 praktisch halbiert werden. Ein entscheidender Faktor im Klimaschutz ist also Tempo.

Als Erste Hilfe fürs Klima bieten sich einige Maßnahmen an: Wichtig wäre etwa die Verringerung der Methanemissionen aus der Gas- und Ölindustrie. Methan ist ein Klimagas, das über zwanzig Jahre mehr als 80 Mal so stark zur Erderhitzung beiträgt wie CO_2. Dabei könnte die Industrie »die Hälfte dieser Emissionen ohne höhere Kosten einsparen«, sagt Fatih Birol, der Chef der Internationalen Energieagentur (IEA). Langfristig sei das so gut fürs Klima, wie »die Hälfte aller derzeit weltweit fahrenden Autos von Abgasen zu befreien«.

Ein anderer »Quick Fix« wäre es, Ruß und andere Schadstoffe zu bekämpfen. Der Übergang von Holz- und Kohleöfen zu effizienten Öfen auf Basis von Holzpellets, Biomasse oder Kohlebriketts würde vor allem in Entwicklungsländern die Luft säubern, Krankheiten verringern und die Erwärmung bremsen. Die »Clean Air Coalition« aus Staaten und Unternehmen im Verbund mit der UN-Umweltbehörde UNEP wirbt für »16 kosteneffiziente Maßnahmen«, um »kurzlebige Klimaverschmutzer« zu bekämpfen. Dazu gehören unter anderem auch effizientere Industrieöfen, Filter für Dieselfahrzeuge, weniger Methan aus der Landwirtschaft (etwa aus Reisfeldern und Düngemitteln) oder bessere Müll- und Abwasserregeln.

Die vollständige Umsetzung könne »bis 2030 bis zu 0,5 Grad Erwärmung verhindern«, erklärt die Initiative.

Dann gäbe es bessere Kühlmittel gegen die Erhitzung: Fluorkohlenwasserstoffe (FKW) galten lange als Ersatz für die Ozonkiller Fluorchlorkohlenwasserstoffe (FCKW), die im Montrealer Protokoll 1987 verboten wurden. FKW schonen die Ozonschicht, heizen allerdings die Atmosphäre stark auf. Anfang 2019 trat das »Kigali Amendment« zum Montreal Protokoll in Kraft, mit dem auch FKW über die nächsten dreißig Jahre zu 80 Prozent ersetzt werden sollen. Wenn das gelingt, bleibt der Atmosphäre bis 2100 eine Erwärmung um 0,4 Grad Celsius erspart.

Auch bei der Landnutzung ließe sich schnell etwas verbessern: Weltweit speichern große Moorgebiete riesige Mengen Kohlenstoff. Torfböden bedecken nur drei Prozent der Landfläche, speichern aber doppelt so viel Kohlenstoff wie alle Wälder, die 30 Prozent der Fläche bedecken. Die größten Sumpfgebiete befinden sich in Indonesien, dem Kongobecken, aber auch im Permafrost Russlands und in Europa. Werden sie trockengelegt oder gar angezündet, entweicht sehr viel Klimagas. Nach Schätzungen der »Global Peatlands Initiative« unter Leitung der UN können diese Emissionen bis zu fünf Prozent der weltweiten CO_2-Emissionen ausmachen. Die Lösung ist simpel: Werden die Moore wieder vernässt, endet auch die Bedrohung für das Weltklima.

Schließlich könnten die Staaten den größten Beitrag zum Klimaschutz leisten – einfach indem sie weniger Geld ausgeben. Denn weltweit gewähren die Regierungen insgesamt 5,2 Billionen Dollar jährlich an direkten und indirekten Subventionen für fossile Brennstoffe, hat der IWF errechnet. Demnach gehen 85 Prozent der Staatshilfen an die Industrien für Öl und Kohle. Würden diese Steuergelder nicht ausgegeben, um das Klima zu ruinieren, läge der globale CO_2-Ausstoß um

28 Prozent niedriger, die Staaten hätten 3,8 Prozent mehr Geld zur Verfügung, und es gäbe nur etwa die Hälfte aller Toten durch Luftverschmutzung.

Alle diese kurzfristigen Maßnahmen dürften allerdings nicht dazu verleiten, die Reduktion der übrigen CO_2-Emissionen zu bremsen, warnen Wissenschaftler und auch die »Clean Air Coalition« selbst: »Die Umsetzung von Maßnahmen, um kurzlebige Klimaverschmutzer zu kontrollieren, kauft uns keine Zeit beim Kampf gegen die CO_2-Emissionen.«

Fazit: Es gibt Möglichkeiten, um schnell und entschieden mit dem Klimaschutz zu beginnen, etwa bei der Reduzierung von Methanemissionen, Rußpartikeln und Kühlmitteln, einem besseren Schutz der Moore oder weniger Subventionen für fossile Brennstoffe. Allerdings muss für effektiven Klimaschutz trotz dieser Sofortmaßnahmen die Reduktion der CO_2-Emissionen dringend vorankommen.

30

Was nützt es, Bäume zu pflanzen oder CO₂ unter der Erde zu speichern?

Die Idee klingt erst einmal gut: Weil Bäume und andere Pflanzen für ihren Stoffwechsel der Atmosphäre CO_2 entziehen, könnte man durch mehr Bäume auch mehr Klimagas aus der Luft filtern. Äthiopien hält dabei den Weltrekord: Hier pflanzten die Menschen an einem Tag im Juli 2019 nach offiziellen Angaben über 350 Millionen Setzlinge. Organisationen wie Plant-for-the-Planet sammeln schon seit Jahren Spenden für die Aufforstung gegen den Klimawandel.

Das Potenzial ist groß: Eine Studie der ETH Zürich hat errechnet, dass weltweit Brachflächen von knapp einer Milliarde Hektar mit Bäumen bepflanzt werden könnten. Das würde 205 Milliarden Tonnen Kohlenstoff, also etwa 750 Milliarden Tonnen CO_2 binden, zwei Drittel des CO_2, das die Menschheit bisher in die Atmosphäre geblasen hat. »Das zeigt, dass die Wiederherstellung von Wald unsere effizienteste Klimaschutzmaßnahme ist«, schreiben die Autoren.

Andere sind da vorsichtiger. Die Rechnung vernachlässige, dass auch Grasland und Savanne sehr viel Kohlenstoff im Boden speichern, antwortete eine andere Forschergruppe in einem Gegengutachten. Die ETH-Studie überschätze die Wirkung zur Kohlendioxidspeicherung um den Faktor fünf. Unterm Strich würde nach einer Berechnung des Klimaforschers Stefan Rahmstorf vom Potsdam-Institut für Klimafolgenforschung (PIK) eine solche globale Pflanzaktion, die fünfzig bis 100 Jahre bräuchte, zur Speicherung von jährlich sieben bis 25 Milliarden Tonnen CO_2 führen – immer noch sehr viel bei einem jährlichen CO_2-Ausstoß von derzeit etwa 41,5 Milliarden Tonnen aus fossilen Brennstoffen und Waldvernichtung, aber eben nicht die Wunderlösung.

Dabei ist es grundsätzlich eine gute Idee, den weltweiten Verlust der Wälder zu stoppen. Die Geschwindigkeit, mit der etwa der artenreiche und für das Ökosystem der Welt extrem wichtige tropische Regenwald zerstört wird, ist haarsträubend. Auch die Wälder auf der nördlichen Halbkugel leiden, nur in Industrieländern wie Deutschland (die ihre Urwälder bereits vor Hunderten von Jahren abgeholzt haben, um ihre Entwicklung voranzutreiben) breiten sie sich aus, auch wenn sie teilweise unter starkem Stress wegen des Klimawandels stehen. Wälder sind Heimat für Tiere und Pflanzen, lebenswichtig für einen stabilen Boden, sie regulieren den Wasserhaushalt und bieten Millionen von Menschen Nahrung, Schutz und eine Existenzgrundlage.

Für den Klimaschutz ist Waldschutz also sehr wichtig – aber kein alleiniger Königsweg. Denn einerseits muss gesichert sein, dass Bäume als CO_2-Speicher langfristig stehen bleiben und nicht in dreißig oder fünfzig Jahren durch Verbrennung wieder Kohlendioxid emittieren. Dann ist es wichtig, wie alt die Bäume sind – erst nach etwa zehn Jahren speichern sie am meisten CO_2. Und vor allem ist entscheidend, wo sie stehen. Bäume im tropischen Regenwald kühlen das Klima – Bäume in der Arktis heizen es auf: Ihre dunkle Farbe führt zu mehr Erwärmung als freie, im Winter schneeweiße Tundra. Nadine Unger von der Yale University warnt daher davor, sich »beim Kampf gegen die Erderwärmung auf die Forstwirtschaft zu verlassen«.

Schwierig ist auch die Frage zu beantworten, wo man welchen Wald pflanzen sollte, der auch unter den Bedingungen des Klimawandels in achtzig oder 100 Jahren noch gedeiht – sind das Buchen in Deutschland? Oder Fichten? Förster sind sich uneinig.

Hinzu kommt: Der Flächenbedarf für CO_2-speichernde Bäume wäre gewaltig, wenn sie tatsächlich netto einen nennenswerten Beitrag zum Klimaschutz liefern sollten. Nach manchen Studien wäre dazu ein neuer Wald in der Größe Indiens notwendig – Fläche, die nicht einfach zur Verfügung steht, sondern beispielsweise in Konkurrenz zu Ackergebieten stehen würde.

Für eine Studie haben Experten ausgerechnet, welche Fläche für Technik nötig wäre, die sich »Bioenergy with Carbon Capture and Storage« (BECCS) nennt. Die Idee dahinter ist verlockend: Wenn Holz in großem Stil statt Kohle oder Gas eingesetzt wird, um Strom zu erzeugen, und wenn die CO_2-Emissionen aus diesem Prozess eingefangen und gespeichert werden, wäre die Stromproduktion »netto negativ«, sie würde der Atmosphäre also CO_2 entziehen: Theoretisch wäre das ein perfektes Perpetuum mobile: Energie zu erzeugen, indem man den CO_2-Gehalt der Atmosphäre senkt.

Das Ganze hat allerdings ein paar Haken: Weder gibt es wie erwähnt genug Fläche, um diese Wälder zu pflanzen, noch ist geklärt, ob das naturnahe Biotope oder Industriebetriebe zur Holzproduktion wären. Noch wichtiger aber: Bislang ist zwar die Technik vom Auffangen und Speichern des CO_2 (CCS) im Experiment gut erprobt. Aber es fehlt bislang an großflächigen und langjährigen Erfahrungen und vor allem an den wirtschaftlichen Rahmenbedingungen. Einerseits deuten Versuche auf der ganzen Welt, unter anderem vom Geoforschungszentrum in Ketzin bei Potsdam, darauf hin, dass das Gas wohl sicher eingelagert werden könnte. Andererseits gibt es innerhalb der Szene von Klimaschützern heftige Debatten um CCS: Die einen fordern, die Technik zu erforschen, denn viele Klimamodelle für die Erreichung des 1,5- oder 2-Grad-Ziels rechnen mit derartigen »negativen Emissionen«. Die Kritiker wiederum warnen davor, CCS biete eine Hintertür für die

Industrie, weiter auf fossile Brennstoffe zu setzen. Außerdem gibt es großen Widerstand von Menschen vor Ort: Sie befürchten, dass die Lagerstätten nicht für Tausende von Jahren sicher sind, zum Beispiel bei Erdbeben.

Bisher hat CCS keine ökonomische Grundlage. Wo es praktiziert wird, sind es entweder subventionierte Pilotanlagen oder Reaktionen auf eine hohe Abgabe auf CO_2, wie etwa in Norwegen. Erst ein hoher Preis auf Kohlendioxid könnte CCS wirtschaftlich interessant machen.

Eine Branche praktiziert jedoch zu ihren Konditionen bereits seit Jahrzehnten erfolgreich und finanziell abgesichert das umstrittene CCS: die Ölindustrie. Sie nutzt CO_2 für Enhanced Oil Recovery (EOR), also für eine verbesserte Ölausbeutung: Wenn Öl- und Gasfelder altern und an Druck verlieren, pumpen die Ingenieure unter hohem Druck Kohlendioxid in die Felder – und treiben so das Öl an die Oberfläche. Das CO_2 kommt dabei allerdings teilweise auch wieder an die Oberfläche – und ein Beitrag zum Klimaschutz ist der Prozess sicher nicht. Denn schließlich hilft er, die Ausbeutung eines fossilen Brennstoffs lukrativer zu machen. Das so gewonnene Öl wird bei seiner Verbrennung den CO_2-Gehalt der Atmosphäre nur noch weiter nach oben treiben.

Fazit: Wälder zu bewahren ist eine gute Idee, um das Klima mittels natürlicher CO_2-Speicherung zu schützen und die Artenvielfalt zu bewahren. Aber nur Bäume zu pflanzen wird das Problem längst nicht lösen. Die unterirdische Speicherung von CO_2 (CCS) scheint zwar technisch zu funktionieren, ist aber bisher weder ökonomisch noch politisch im großen Maßstab durchzusetzen.

31

Wo sind Vorbilder und Vorreiter?

Die Staatssekretärin im US-Außenministerium unter Präsident Barack Obama war voll des Lobes. »Bhutan ist ein globales Vorbild bei Fragen des Klimawandels und der Bewahrung der Natur«, sagte Nisha Desai Biswal im Mai 2016 vor dem US-Kongress. Das kleine Königtum in Südostasien habe so viel Wald und so wenig CO_2-Emissionen, dass es drei Mal so viel Kohlenstoff binde, wie es freisetze.

Das Beispiel zeigt: Es gibt Vorbilder beim Klimaschutz – aber man muss für sie schon ziemlich weit gehen und genau suchen. Mit Blick auf die CO_2-Emissionen gebührt den kaum industrialisierten Ländern vor allem in Afrika ein großes Kompliment: Dort liegen die absoluten Emissionen und der Pro-Kopf-Ausstoß sehr niedrig. Erkauft wird dieses ökologisch vorbildliche Verhalten allerdings oft mit Armut, Hunger und fehlenden Perspektiven für die Bevölkerung. »Entwicklung« bedeutet in den meisten Fällen: steigende CO_2-Emissionen.

Dieser Schwierigkeit tragen auch die informellen Rankings Rechnung, die sich mit den Ländern befassen. Der Thinktank Climate Action Tracker etwa listet die Länder gemäß ihrer Klimapläne (NDCs) und wie sehr diese zu den Zielen des Pariser Abkommens beitragen. Resultat: Unter den 32 untersuchten Ländern finden sich keine Vorbilder. Kompatibel mit einem Pfad für maximal 1,5 Grad Erwärmung sind nur die Pläne von Marokko und Gambia. Denn Marokko will zwar seine niedrigen CO_2-Emissionen steigern, damit aber weit unter dem Normalszenario bleiben und massiv die Erneuerbaren ausbauen.

Gambia wiederum will durchaus Emissionen reduzieren, mithilfe von außen sogar seinen Ausstoß fast halbieren.

Auch beim jährlich erhobenen Klimaschutz-Index (KSI) der Umwelt- und Entwicklungsorganisation Germanwatch bleiben traditionell die ersten drei Plätze mit der Bewertung »sehr gut« frei. Im Index, der CO_2-Emissionen, Anteil von Erneuerbaren, Energienutzung und Klimapolitik bewertet, stehen dann an vorderster Stelle: Schweden, Marokko, Litauen, Lettland und Großbritannien. Die nordischen Länder wie Schweden und Norwegen gelten oft als Vorreiter, weil sie ihren Strom fast völlig oder zu großen Teilen aus CO_2-freier Wasserkraft (oder Atomkraft) gewinnen, hohe Abgaben auf fossile Brennstoffe eingeführt haben und die Elektromobilität durchsetzen. Großbritannien steigt aus der Kohle aus und hat eine unabhängige »Climate Change Commission«, die Parlament und Regierung Vier-Jahres-Budgets für Treibhausgase vorlegt.

Für ein einheitliches Vorbild ist die Lage in den einzelnen Ländern, Ökonomien und Gesellschaften zu unterschiedlich. Auch bleibt abzuwarten, was aus Ankündigungen wie etwa von Norwegen und Uruguay wird, bis 2030 »klimaneutral« zu sein. Werden die Ziele erreicht, und wenn ja, werden Emissionen insgesamt reduziert oder nur in anderen Gegenden der Welt kompensiert?

Ähnliche Fragen stellen sich übrigens auch bei Unternehmen, die mit »klimaneutralem« Betrieb werben. Der Gerätehersteller Bosch etwa will bereits ab 2020 »weltweit CO_2-neutral« sein, Siemens bis 2030 »klimaneutral«, und Google hat angekündigt, so viel Ökoenergie zu kaufen, wie seine Rechenzentren verbrauchen.

Die UN immerhin hat eine Liste der Mutmacher zusammengestellt, an der sich andere orientieren können. Demnach hat Nepal durch kommunale Kontrolle eines der besten Baumschutzprogramme aufgelegt und seinen Waldbestand um

20 Prozent gesteigert. Costa Rica wendete die zunehmende Entwaldung des Landes ab und steigerte in den letzten drei-ßig Jahren den Waldanteil an seiner Fläche von 20 wieder auf 50 Prozent. Vietnam pflanzte 20 000 Hektar Mangrovenwälder an der Küste für Fischzucht und zum Schutz gegen Stürme.

Im Industriesektor erwähnt der Bericht den indischen Mischkonzern Mahindra, der durch einen internen CO_2-Preis von 10 Dollar pro Tonne Emissionen reduziert hat und Geld für die Umstellung auf LED-Lampen zusammenbekam. Uru-guay hat seine Stromversorgung in nur fünf Jahren auf 96 Pro-zent Ökostrom, vor allem Windkraft, umgestellt und damit die Preise gesenkt. Ein Regierungsprogramm mithilfe von Welt-bank und anderen Förderern hat in Bangladesch fünf Millio-nen Solaranlagen installiert und damit 15 Prozent der Bevöl-kerung mit sauberem Strom versorgt.

Im Finanzwesen hebt der Bericht eine Initiative der Afri-kanischen Entwicklungsbank hervor, die das Risiko für den Bau einer Erdwärmeanlage in Kenia übernommen hat. Und auch die Nationale Klimaschutzinitiative (NKI) des deutschen Umweltministeriums bekommt Lob von der UN: Mit knapp 800 Millionen Euro an öffentlichem Geld wurden 2,5 Milliar-den Euro an Investitionen in etwa 25 000 Projekten ausgelöst – und jährlich über eine halbe Million Tonnen Treibhausgase gespart.

Fazit: Es gibt keine Vorbilder, deren Erfolgsrezept einfach auf andere Akteure übertragbar ist. Aber viele Länder, Städte oder Unternehmen zeigen, wie mit Einfallsreichtum, Mut und Überzeugung die Ziele bei Nachhaltigkeit und Klimaschutz viel schneller und effizienter erreicht werden können, als immer noch oft angenommen wird.

32

Was haben die »Fridays for Future« verändert?

Am 20. August 2018 setzte sich eine einsame schwedische Schülerin mit einem handgemalten Schild vor den schwedischen Reichstag in Stockholm. Die damals 15-jährige Greta Thunberg begann jeden Freitag mit ihrem »Skolstrejk för Klimatet«, dem Schulstreik fürs Klima. Es folgte ein Jahr, in dem sie zu einem globalen Star wurde, vor der UN, der EU, dem Papst und Hunderttausenden von Schülern redete und den alternativen Nobelpreis bekam. Im September 2019 segelte sie mit einer Jacht über den Atlantik, um das klimaschädliche Flugzeug zu vermeiden, und sprach vor den versammelten Staats- und Regierungschefs bei der UN-Generalversammlung. »Wie könnt ihr es wagen zu sagen, ihr tätet genug?«, fragte wütend das blasse Mädchen mit dem Zopf. Und bekam Applaus dafür.

In einem Jahr war aus dem Nichts eine weltweite Klimaschutzbewegung der jungen Generation entstanden. Im September 2019 demonstrierten weltweit mehrere Millionen Kinder, Jugendliche, aber auch Erwachsene. Allein in Deutschland sprachen die Organisatoren von 1,4 Millionen Teilnehmerinnen und Teilnehmern.

Begonnen hatten die Streiks in Deutschland im Januar 2019 unter dem Motto »Fridays for Future«. Mit Slogans wie »Wir sind hier, wir sind laut, weil ihr uns die Zukunft klaut!« wurde aus einigen Dutzend Bewegten schnell eine Massenbewegung. Ihre Forderung für Deutschland: Kohleausstieg bis 2030, Ende der Treibhausgasemissionen und 100 Prozent erneuerbare Energien bis 2035. Die Forderungen sind wissenschaftlich unterlegt und werden von den Aktivisten damit begründet, die Politik habe sie selbst etwa im Pariser Abkommen versprochen. FFF-Sprecherin Luisa Neubauer sagt: »Wir sagen nicht, wie es anders und besser geht. Wir sagen: Freunde, könnt ihr mal bitte schleunigst durchsetzen, was ihr schon 1992 in Rio und 2002, 2006 und 2015 alles beschlossen habt?«

Größe und Erfolg der Bewegung haben die Politstrategen überrascht. Erst wollten die etablierten Parteien lieber über das Schuleschwänzen sprechen, dann gab es den herablassenden Rat von FDP-Chef Christian Lindner, Klimaschutz sei »eine Sache für Profis« – dabei hatten gerade diese »Profis« eine ernüchternde Bilanz vorzuweisen. Kanzlerin Angela Merkel rückte die Kids auf den Straßen zuerst in die Nähe von »hybrider Kriegsführung«, ehe sie die Demos begrüßte.

Der Einfluss von FFF ist spürbar, aber schwer direkt zu messen. Sicherlich haben die wöchentlichen Demonstrationen, die endlosen Podiumsdiskussionen, der Strategiekongress der Bewegung im Sommer 2019, all die Zeitungsartikel und TV-Beiträge, die Posts auf Twitter, Instagram und Facebook die Debatte beeinflusst. Der YouTuber Rezo wurde im Frühjahr 2019 kurz vor der Europawahl zu einer Berühmtheit, als er in einem Video wegen der mangelhaften Klimapolitik zur »Zerstörung der CDU« aufrief. Nach zwei extrem trockenen Sommern, den Wahlerfolgen der Grünen, der Debatte um den Kohleausstieg und dem Druck aus der EU wirkten die »Friday«-Demonstrationen wie ein Resonanzboden, auf dem alle diese Debatten verstärkt wurden.

Wer sind die FFF? Eine Studie des »Instituts für Protest- und Bewegungsforschung« im Auftrag von Heinrich-Böll- und Otto-Brenner-Stiftung fand im Frühjahr 2019: »Die FFF-Proteste werden von jungen, gut gebildeten Menschen und überraschend stark von jungen Frauen getragen. Viele der demonstrierenden Schüler*innen, von denen sich die Mehrheit im linken Spektrum verortet, sind zum ersten Mal auf der Straße. Persönliche Kontakte sind der zentrale Weg der Mobilisierung. Die Demonstrierenden wollen die Politik unter Druck setzen, klimapolitische Versprechen einzulösen. Einen wichtigen Weg der Veränderung sehen insbesondere die Schüler*innen aber auch in der Veränderung der eigenen Lebens- und Konsumpraxis. Die Demonstrierenden sind keineswegs hoffnungslos, sondern vielmehr handlungsbereit, politisiert und zuversichtlich, dass ihr Protest gesellschaftliche und politische Veränderungen hervorrufen kann.«

Die »Fridays« haben bemerkenswerte Seiten: Mit Greta Thunberg ist ein Mädchen zum Vorbild geworden, das mit ihrer zurückhaltenden Art und ihrem Asperger-Syndrom den Klischees eines Jugendidols nicht entspricht. Und anders als andere Protestkulturen der Jungen gegen die ältere Generation wird FFF zumindest teilweise von ebendieser Generation mitgetragen. Viele Eltern und Lehrer akzeptieren oder unterstützen das Fernbleiben von der Schule. Bei »Parents for Future«, »Scientists for Future« oder »Doctors for Future« haben sich Unterstützer organisiert. Nicht zu unterschätzen ist auch der Einfluss der Jugendlichen, wenn in Familien über Flugreisen oder das nächste Auto geredet wird. Schließlich verbinden sich die »Fridays« mit anderen Aktionsformen zur Klimakrise: »Ende Gelände« beim Kampf gegen die Braunkohle und »Extinction Rebellion«, die eine gewaltfreie Störung des Alltags provozieren, agieren als Verbündete und Gleichgesinnte. Ideen, Aktionsformen und Aktive werden auf Graswurzelebene ausgetauscht.

Die Zukunft der »Fridays for Future« ist ungewiss: Werden die Demos anhalten, werden sie sich auf einzelne Aktionstage konzentrieren? Werden ihre Forderungen in Ansätzen erfüllt? Werden sie ihr Führungspersonal an Verbände oder Parteien

verlieren? Oder werden sie zu einer regelmäßigen Erschei-
nung, die die Klimadebatte über Jahre weiter bestimmt?

Fazit: Greta Thunberg und die »Fridays for Future«-Bewegung
haben praktisch aus dem Nichts die Klimadebatte verändert.
Eine junge Generation, die um ihre Zukunft im Klimawandel
kämpft, hat sich lautstark zu Wort gemeldet und die Politik
kräftig unter Druck gesetzt. Noch ist offen, wie diese Entwicklung weitergeht.

33

Ist es schon zu spät, den Klimawandel bei 1,5 Grad zu stoppen?

Echter Klimaschutz ist eine Herkulesaufgabe. Das wird am deutlichsten, wenn man die Ziele mit einem »Kohlenstoff-Budget« unterlegt, also der Menge von CO_2, die noch in die Luft geblasen werden darf, bis 1,5 oder 2 Grad Celsius an globaler Erwärmung bis 2100 erreicht sind. Dieses Budget ist erschreckend klein. Denn bislang hat sich die Erde bereits um etwa 1 Grad erwärmt. Um die Erwärmung bei 1,5 Grad zu stoppen, betrug das verbleibende Budget Ende September 2019 laut dem CO_2-Rechner des Mercator Research Institute for Global Commons and Climate Change (MCC) in Berlin noch etwa 347 Milliarden Tonnen. Das gibt uns noch einen Zeitraum von acht Jahren. Also noch zweimal Fußball-WM und Olympische Spiele. Oder noch knapp zwei Legislaturperioden.

Für die 2-Grad-Grenze haben wir demnach noch mehr Zeit: 26 Jahre. Aber auch das nur unter der Annahme, dass dann nirgendwo auf der Welt noch ein Molekül CO_2 in die Luft gelangt, das nicht von Wäldern oder Ozeanen aufgenommen wird. Die Physik bringt es nämlich leider mit sich, dass sich unsere Klimaschulden in der Atmosphäre mehr und mehr auftürmen. Kohlendioxid ist ein langlebiges Gas, weshalb das CO_2, das die Kohlekraftwerke am Beginn der Industrialisierung in die Luft geblasen haben, immer noch unseren Planeten erhitzt. Wissenschaftler fürchten, dass Meere und Landmassen gerade ihre Fähigkeit reduzieren, unser CO_2 in dem Umfang aufzunehmen, wie es bisher der Fall war. Ist dieser natürliche Puffer aufgebraucht, könnte das die Erwärmung rapide beschleunigen.

Um also noch das 1,5-Grad-Limit einhalten zu können, müssen wir drastisch auf die CO_2-Bremse treten. Die globalen CO_2-Emissionen, die bislang in der Geschichte der Menschheit fast ausschließlich gestiegen sind, müssen laut IPCC im kommenden Jahrzehnt praktisch halbiert werden – und dann in jedem weiteren Jahrzehnt wieder und immer so weiter.

Ist das machbar? Technisch und theoretisch ginge das wohl immer noch. Dafür aber müssten sich weltweit die Industrie, die Energie- und Verkehrssysteme, die Landwirtschaft, unsere Gebäude und Städte »schnell und weitreichend verändern«, mahnte der IPCC-Sonderbericht im Oktober 2018. Wie diese »Dekarbonisierung« weltweit aussähe, hat der Thinktank Climate Action Tracker bereits 2016 aufgeschrieben: Keine neuen Kohlekraftwerke, massiver Ausbau von erneuerbarem Strom, keine neuen Autos mit Verbrennungsmotor nach 2035 mehr, nur noch Nullenergiehäuser bauen und die Sanierungsrate verfünffachen. Ab 2020 dürften neue Fabriken keine Emissionen mehr haben, und die Entwaldung müsste weltweit gestoppt werden.

Dazu kommt: Die allermeisten Klimamodelle, die 1,5 Grad noch erreichen, kalkulieren mit »negativen Emissionen«, das heißt: CO_2 wird aufgefangen oder aus der Luft entfernt. Entweder durch großflächiges Aufforsten oder durch Abscheidung und Endlagerung von Kohlendioxid durch die umstrittene CCS-Technik. Alle diese Maßnahmen sind allerdings bislang weder ökonomisch noch technisch in großem Maßstab verfügbar.

Den Unterschied zwischen 1,5 und 2 Grad hat der IPCC-Sonderbericht von 2018 mehr als deutlich gemacht: 2 Grad mehr bedeuten, dass zehn Millionen mehr Menschen aufgrund eines höheren Meeresspiegels ihre Heimat verlieren als bei 1,5 Grad; dass der globale Meeresspiegel im Schnitt zehn Zentimeter höher steigt; dass die Arktis im Sommer einmal pro Jahrzehnt eisfrei bleibt (bei 1,5 Grad einmal im Jahrhundert); dass praktisch alle Korallen sterben (bei 1,5 Grad überlebt ein kleiner Teil von ihnen); dass einige Hundert Millionen Menschen durch Wetterkatastrophen zurück in die Armut fallen. Und als wäre das nicht schon genug, steigt auch noch das Risiko deutlich an, dass Kippelemente im Klimasystem ausgelöst werden: das Absterben des Regenwalds am Amazonas, eine instabile West-Antarktis, das Auftauen der Permafrostböden, eine Abschwächung des Golfstroms.

Wann und wie genau solche Prozesse ausgelöst werden, weiß niemand genau. Es wäre also angemessen, diese Gefahren so weit wie möglich zu minimieren und sofort massiv in ernsthaften Klimaschutz zu investieren. Vielleicht ist es trotzdem für 1,5 Grad bereits zu spät. Das aber ist keine absolute Grenze, die überall gleich gilt. Es lohnt sich auf jeden Fall, die Emissionen so schnell und so weit wie möglich zu reduzieren, in Anpassung zu investieren und den technologischen Fortschritt auf Vermeidung und Speicherung von Kohlendioxid zu fokussieren. Nichts zu tun wäre zynisch angesichts des menschlichen Leidens, das durch entschlossenes Handeln verhindert oder zumindest verringert werden kann. Aufgeben ist keine Option.

Fazit: Um die Erderhitzung bis 2100 unter 1,5 Grad Celsius zu halten, müssten die CO_2-Emissionen global im nächsten Jahrzehnt halbiert werden. Das wäre technisch machbar, ist aber mit den momentanen politischen und wirtschaftlichen Bedingungen nur schwer durchzusetzen. Trotzdem sollten wir mit aller Kraft versuchen, so nahe wie möglich an dieser Marke zu bleiben.

Literatur

Adelphi/PRC/Eurac: *Vulnerabilität Deutschlands gegenüber dem Klima-wandel*, Umweltbundesamt, 2015

Agora Energiewende: *Energiewende 2030: The Big Picture*, 2017

BCG/prognos: *Klimapfade für Deutschland*, Bundesverband der Deutschen Industrie, 2018

Boykoff, Maxwell, Boykoff, Jules: *Balance as bias: global warming and the US prestige press*, Global Environmental Change, 2004, unter https://www.eci.ox.ac.uk/publications/downloads/boykoff04-gec.pdf

Climate Action Tracker: *NDC Tracker*, unter https://climateaction tracker.org/countries/ abgerufen 4.11.2019

Deutsche IPCC-Koordinierungsstelle (Hg.): *IPCC: Klimaänderung 2013, Häufig gestellte Fragen und Antworten, Band I: Naturwissenschaft-liche Grundlagen; Band II: Folgen, Anpassung und Verwundbarkeit; Band III: Minderung des Klimawandels*, Bonn, 2017

Edenhofer, Ottmar, Jakob, Michael: *Klimapolitik: Ziele, Konflikte, Lösungen*. München 2017

Germanwatch: Klimaschutzindex, unter https://germanwatch.org/de/16073, abgerufen 4.11.2019

IPCC:
5-Sachstandsbericht AR5, 2013–2014
1,5-Grad-Sonderbericht (SR 1.5), 2018
Sonderbericht über Klimawandel und Landsysteme (SRCCL), 2019
Sonderbericht über Ozean und Kryosphäre (SROCC), 2019
erreichbar unter https://www.de-ipcc.de/128.php, (abgerufen am 4.11.2019)

Oreskes, Naomi, Conway, Erik: *Die Machiavellis der Wissenschaft*, Erlebnis Wissenschaft, 2014

Rahmstorf, Stefan, Schellnhuber, Hans-Joachim: *Der Klimawandel – Diagnose, Prognose, Therapie*, C.H. Beck, 7. Auflage 2012

UNEP: Emissions Gap Report 2018, unter https://www.unenviron ment.org/interactive/emissions-gap-report/, abgerufen 4.11.2019

Wissenschaftlicher Beirat der Bundesregierung globale Umweltveränderungen (WBGU): *Welt im Wandel. Gesellschaftsvertrag für eine Große Transformation*, 2011